Über den Autor
Robert I. Sutton lehrt in Stanford, wo er Professor für Management Science and Engineering ist. Für seine wissenschaftliche Arbeit wurden ihm zahlreiche Preise verliehen. Sutton hat über 90 Buchbeiträge und Artikel in renommierten Zeitschriften verfasst. Er hat mehrere Bücher geschrieben und herausgegeben und ist ein gefragter Vortragsredner. *Der Arschloch-Faktor* wurde zum Überraschungsbestseller in Deutschland.

Robert I. Sutton

Der Arschloch-Faktor

Vom geschickten Umgang mit Aufschneidern,
Intriganten und Despoten im Unternehmen

Aus dem Amerikanischen
von Robert Pfeiffer

WILHELM HEYNE VERLAG
MÜNCHEN

FSC
Mix
Produktgruppe aus vorbildlich
bewirtschafteten Wäldern und
anderen kontrollierten Herkünften
Zert.-Nr. SGS-COC-1940
www.fsc.org
© 1996 Forest Stewardship Council

Verlagsgruppe Random House FSC-DEU-0100
Das für dieses Buch verwendete FSC-zertifizierte Papier
Super Snowbright liefert Hellefoss AS, Hokksund, Norwegen.

3. Auflage
Taschenbuchausgabe 04/2008

Printed in Germany 2009
Umschlaggestaltung: Hauptmann & Kompanie, München – Zürich
Druck und Bindung: GGP Media GmbH, Pößneck

ISBN: 978-3-453-60060-7

Gewidmet

Eve, Claire und Tyler, mit all meiner Liebe.

Inhalt

Vorwort IX

KAPITEL 1
Was Arschlöcher machen und warum
Sie so viele kennen 1

KAPITEL 2
Der Schaden, den Arschlöcher anrichten 21

KAPITEL 3
Wie man die Anti-Arschloch-Regel implementiert,
durchsetzt und am Leben erhält 47

KAPITEL 4
Den »inneren Mistkerl« bändigen 90

KAPITEL 5
Wo Arschlöcher herrschen: Tipps, wie man
gemeine Leute und Arbeitsplätze überlebt 123

KAPITEL 6
Die Vorzüge des Arschlochs 151

KAPITEL 7
Die Anti-Arschloch-Regel als Lebensweise 176

Fazit 184

Lieber Leser 185
Weiterführende Literatur 186
Danksagung 188

Vorwort

Begegne ich einem übel gesinnten Menschen, ist mein erster Gedanke: »Wow, was für ein Arschloch!«

Und ich wette, Sie tun das auch. Man könnte sie auch Mobber, Menschenschinder, Mistkerle, Folterknechte, Tyrannen, Despoten oder enthemmte Egomanen schimpfen, aber zumindest was mich betrifft, bringt der Ausdruck »Arschloch« meine Angst vor diesem niederträchtigen Menschenschlag und meine Verachtung am besten auf den Punkt.

Ich habe dieses Buch geschrieben, weil die meisten von uns früher oder später am Arbeitsplatz mit solchen Leuten zu tun haben. *Der Arschloch-Faktor* zeigt, wie diese destruktiven Charaktere ihren Mitmenschen schaden und die Leistungsfähigkeit von Organisationen untergraben.[1] Dieses kleine Buch zeigt Ihnen auch, wie Sie diese Quälgeister von Ihrem Arbeitsplatz fernhalten, wie Sie diejenigen reformieren, denen Sie nicht entkommen können, wie Sie jene, die von ihren üblen Umtrieben nicht lassen wollen oder können, loswerden und wie Sie den Schaden, den diese menschenverachtenden Mistsäcke verursachen, möglichst gering halten.

Zum ersten Mal gehört habe ich von der »Anti-Arschloch-Regel« vor über 15 Jahren bei einem Fakultätstreffen an der Stanford University. In unserer kleinen Abteilung herrschte ein bemerkenswert kollegiales und solidarisches Arbeitsklima, vor allem im Vergleich zu der ebenso engstirnigen wie gnadenlosen Gemeinheit, die für große

---

[1] Der amerikanische Originaltitel, *The No Asshole Rule*, lässt sich kaum knapp und griffig übersetzen, weshalb man für die deutsche Ausgabe den Titel *Der Arschloch-Faktor* wählte. Die eigentliche »no asshole rule«, von der im Original immer wieder die Rede ist, wurde zur »Anti-Arschloch-Regel« (A. d. Ü.).

Teile des akademischen Lebens typisch ist. An diesem speziellen Tag drehte sich die Diskussion unter Leitung unseres Vorsitzenden Warren Hausman darum, einen Kandidaten für eine freie Stelle in unserer Fakultät auszuwählen.

Einer meiner Kollegen schlug vor, einen bekannten
Forscher anzustellen, der an einer anderen Universität tätig war, was einen anderen Kollegen zu der Bemerkung
provozierte: »Hören Sie, es ist mir egal, ob dieser Kerl
den Nobelpreis gewonnen hat … Ich will nur nicht, dass
irgendein Arschloch unsere Gruppe ruiniert.« Wir lachten schallend, doch dann fingen wir ernsthaft an zu überlegen, wie wir herabsetzende und arrogante Widerlinge
aus unserer Gruppe heraushalten konnten. Wann immer
wir von diesem Tag an über eine Neueinstellung sprachen, hatte jeder von uns das Recht, die Kadidaten zu hin-
terfragen: »Sicher, Herr X wäre qualifiziert, aber würde
seine Anstellung nicht gegen unsere Anti-Arschloch-
Regel verstoßen?« Und das trug mit dazu bei, unsere Abteilung zu einer besseren Fakultät zu machen.

An anderen Arbeitsplätzen mag die Ausdrucksweise
gewählter sein und redet man von »Idioten« oder »Mobbern«. An wieder anderen bleibt die Anti-Arschloch-
Regel unausgesprochen, wird aber trotzdem beherzigt.
Welchen Namen auch immer man ihr gibt, ich möchte an
einem Arbeitsplatz arbeiten, an dem die Anti-Arschloch-
Regel respektiert wird, nicht in irgendeiner der vielen tausend Organisationen, die Gemeinheit ignorieren, tolerieren oder gar ermutigen.

Ich hatte nicht vor, *Den Arschloch-Faktor* zu schrei-
ben. Die ganze Sache begann 2003 mit einem halb ernst
gemeinten Vorschlag an die *Harvard Business Review*. Die
Chefredakteurin Julia Kirby hatte mich gefragt, ob ich
Vorschläge für die alljährlich von der *HBR* veröffentliche
Liste der »Bahnbrechenden Ideen« (»Breakthrough
Ideas«) hätte. Das beste Geschäftsprinzip, das ich kennen

würde, antwortete ich Julia, sei die Anti-Arschloch-Regel, doch das Magazin war sicherlich viel zu respektabel, distinguiert und, offen gesagt, verklemmt, um diese milde Obszönität auf ihren Seiten abzudrucken. Zensierten und verwässerten Varianten wie der »Anti-Idioten-« oder der »Anti-Mobber-Regel« würde, beharrte ich, einfach der authentische Klang und emotionale Appell des Originals abgehen, und verkündete, ich wäre nur dann bereit, einen Essay zu schreiben, wenn sich *HBR* ihrerseits bereit erklären würde, den Ausdruck »Arschloch« abzudrucken.

Natürlich ging ich davon aus, dass die Redaktion mir einen höflichen Korb geben würde, und insgeheim freute ich mich schon darauf, mich über die auf den Seiten der *HBR* präsentierte sterile und naive Sichtweise des Lebens in Organisationen mokieren zu dürfen – und darüber, dass ihren Redakteuren der Mumm fehlte, Ausdrücke abzudrucken, die widerspiegelten, wie die Menschen wirklich denken und reden.

Ich hatte mich zu früh gefreut. In der Februar-Ausgabe 2004 druckte die *Harvard Business Review* die Regel unter der Überschrift: »More Trouble Than They Are Worth« (»Mehr Ärger als sie wert sind«) nicht nur in der »Breakthrough Ideas«-Sektion ab, in dem kurzen Essay fand sich der Ausdruck »Arschloch« volle acht Mal! Was danach passierte, überraschte mich aber noch mehr. Bis dahin hatte ich vier Artikel in der *HBR* veröffentlicht und auf jeden dieser Beiträge ein paar E-Mails, Anrufe und Anfragen von der Presse erhalten. Doch das war nichts im Vergleich zu der Sintflut an Reaktionen, die mein Essay zur Anti-Arschloch-Regel provozierte, ungeachtet der Tatsache, dass er unter 19 anderen »Breakthrough Ideas« vergraben war. Ich wurde mit E-Mails geradezu überschwemmt (und veröffentlichte einen Folgebeitrag in der *CIO Insight).* Selbst heute noch erhalte ich jeden Monat Zuschriften auf diesen Essay.

Die erste E-Mail stammte vom Geschäftsführer einer Dachdeckerfirma, der sagte, mein Essay habe ihn dazu bewogen, endlich etwas gegen einen produktiven, aber menschlich unmöglichen Mitarbeiter zu unternehmen. Darauf folgten E-Mails von Leuten aus den unterschiedlichsten Branchen und aus allen Teilen der Welt: von einem italienischen Journalisten, von einem spanischen Managementberater, von einem Buchhalter bei Towers-Perrin in Boston, von einem Botschaftsrat an der Londoner US-Botschaft, vom Manager eines Luxushotels in Schanghai, vom Veranstaltungsmanager eines Museums in Pittsburgh, vom CEO von Mission Ridge Capital, von einem für den Obersten Gerichtshof in Washington tätigen Wissenschaftler und so weiter und so fort.

Ich hatte fest damit gerechnet, dass viele meiner zu Themen wie Mobbing und Aggressivität am Arbeitsplatz forschenden Wissenschaftskollegen den Ausdruck »Arschloch« als geschmacklos und unpräzise ablehnen würden, stattdessen fand er ihre Zustimmung. Einer von ihnen schrieb: »Ihr Beitrag zur Anti-Arschloch-Regel hat bei meinen Kollegen und mir eine sehr vertraute Saite angeschlagen. Tatsächlich vermuten wir, dass wir die Schwankungen bei der Arbeitsplatzzufriedenheit zu einem großen Teil vorhersagen könnten, wenn wir nur wüssten, ob es in dem betreffenden Unternehmen ein ›Riesenarschloch‹ gibt oder nicht. Mit anderen Worten, wenn wir fragen könnten, ob der Boss eines ist, bräuchten wir keinen anderen Punkt mehr abzufragen … Folglich stimme ich Ihnen darin zu, dass, auch wenn das Wort potenziell anstößig sein mag, kein anderer Ausdruck das Wesen dieser Art Mensch so gut trifft.«

Mein kurzer Beitrag für die *HBR* generierte auch zahlreiche Berichte, Artikel und Interviews mit mir über die Anti-Arschloch-Regel, unter anderem im National Public Radio, in der *Fortune Small Business* und, mein

Favorit, in einer Kolumne von Aric Press, dem Chefredakteur des *American Lawyer*, der Anwaltskanzleien
dazu aufrief, »Idioten-Audits« durchzuführen. »Ich schlage vor«, wandte sich Press an die Kanzleichefs, »dass Sie
sich folgende Frage stellen: ›Warum finden wir uns mit
einem solchen Verhalten ab?‹ Wenn die Antwort lautet:
›Weil die Kanzlei 2 500 von dem Widerling geleistete hoch
bezahlte Stunden in Rechnung stellen kann‹, dann haben
Sie zumindest Ihre Prioritäten geklärt, ohne auch nur einen Cent für Unternehmensberater ausgegeben zu haben.«
    Anwälte und Anwaltskanzleien stellen natürlich keine
Sonderfälle dar. Gemeine Gestalten finden sich in
praktisch jedem Berufszweig und so gut wie jedem Land.
So gehören die Ausdrücke »arse« oder »arsehole« und,
etwas höflicher, »a nasty piece of work« (ein fieser Kerl),
in Großbritannien quasi zum Grundwortschatz und entsprechen weitgehend dem amerikanischen Vorrat an »asshole«-Synonymen. Der Begriff »asshat« ist eine in englischsprachigen Online-Communitys beliebte und etwas
weniger derbe Variante. Die Spielart »assclown« wurde
vom World-Wrestling-Entertainment-Star Chris Jericho
und der im britischen (und inzwischen auch im amerikanischen) Fernsehen populären TV-Serie *The Office*
über einen ebenso idiotischen wie tyrannischen Boss popularisiert. Wie auch immer man diese Menschenquäler
nennt: Viele von ihnen sind sich ihres Verhaltens gar nicht
bewusst oder, was noch schlimmer ist, sogar stolz darauf.
Andere wiederum haben Probleme mit ihrem Verhalten
und schämen sich dafür, scheinen aber nicht in der Lage
zu sein, ihre Gemeinheit zu unterdrücken oder zu kontrollieren. Allen gemeinsam ist, dass sie ihre Kollegen,
Vorgesetzten, Untergebenen – und gelegentlich auch ihre
Klienten und Kunden – in Wut versetzen, herabwürdigen
und verletzen.
    Die Angst und die Verzweiflung, die aus all den Leuten

sprach, die sich nach dem Essay in der *HBR* an mich wandten, die Tricks, die sie benutzten, um sich an einem von Arschlöchern umzingelten Arbeitsplatz ein Mindestmaß an Würde zu bewahren, ihre Rachegeschichten, die mich laut auflachen ließen und ihre vielen anderen kleinen Siege, die sie gegen übel wollende Leute feierten, veranlassten mich, den *Arschloch-Faktor* zu schreiben. Aber ich habe dieses Buch auch wegen der Fülle von Beweisen dafür geschrieben, dass der Traum von zivilisierten Arbeitsplätzen kein naiver ist, dass es solche Arbeitsstätten tatsächlich gibt und dass die allerorten grassierende Kaltherzigkeit ausgemerzt und durch gegenseitigen Respekt ersetzt werden kann, wenn ein Team oder eine Organisation richtig gemanagt wird – und weil Unternehmen, in denen es zivilisiert zugeht, üblicherweise bessere Leistungen erzielen. Meine Hoffnung ist, mit diesem kleinen Buch allen Lesern Trost zu spenden, die sich von den Kotzbrocken schikaniert fühlen, mit denen sie als Kollegen, Vorgesetzte oder Untergebene am Arbeitsplatz zu tun haben. Noch viel mehr aber hoffe ich, Ihnen damit praktikable Ideen an die Hand zu geben, wie Sie solche Leute loswerden, reformieren oder – sollte das nicht möglich sein – wie Sie den Ihnen und Ihrem Unternehmen zugefügten Schaden begrenzen können.

Robert Sutton
Juni 2006

1

Was Arschlöcher machen und warum Sie so viele kennen

Wer verdient es, als Arschloch gebrandmarkt zu werden? Die meisten von uns verwenden diesen Ausdruck eher wahllos und bezeichnen damit jedermann, der sie ärgert, ihnen in die Quere kommt oder im Moment gerade mehr Erfolg hat als sie selbst. Zur praktischen Anwendung der Anti-Arschloch-Regel dagegen empfiehlt es sich, den Begriff präzise zu definieren. Eine solche Definition hilft Ihnen, Kollegen und Kunden, die Sie einfach nicht mögen, von solchen zu unterscheiden, die das Etikett »Arschloch« verdient haben. Sie hilft Ihnen, zwischen Leuten, die einen schlechten Tag oder schlechten Moment haben (»temporäre Arschlöcher«), und permanent fiesen und destruktiven Despoten (»amtliche Arschlöcher«) zu differenzieren. Vor allem aber hilft Ihnen eine gute Definition dabei, anderen zu erklären, *warum* Ihr Kollege, Boss oder Kunde dieses Etikett verdient hat – beziehungsweise zu verstehen, warum die anderen (zumindest hinter Ihrem Rücken) sagen, Sie seien ein Arschloch, und warum Sie diese Bezeichnung vielleicht sogar verdient haben.

Wissenschaftler, die sich mit »psychischer Misshandlung« am Arbeitsplatz befassen, definieren diese als »die dauerhafte Zurschaustellung feindlichen verbalen und nonverbalen Verhaltens ohne körperlichen Kontakt«. Diese Definition mag für den ersten Moment genügen, doch für unseren Versuch, zu verstehen, was Arschlöcher tun und was sie anderen antun, ist sie zu unspezifisch. Lassen Sie mich, um zu erklären, wie ich den Begriff »Arschloch« in diesem Buch verwende, von einer Erfahrung berichten, die ich als junger Assistenzprofessor gemacht habe. Als ich in Stanford ankam, war ich ein 29 Jahre alter Jung-wissenschaftler und ein unerfahrener, ineffizienter und extrem nervöser Lehrer. In meinem ersten Jahr als Do-zent erhielt ich von den Studenten sehr schlechte Lehr-noten –verdientermaßen. Also bemühte ich mich, ein bes-serer Lehrer zu werden, und Sie können sich vorstellen, wie erfreut ich war, als ich am Ende meines dritten Jahres bei der Abschlussfeier von den Studenten unserer Abtei-lung zum »besten Dozenten« gewählt wurde. Allerdings währte meine Freude nur wenige Minuten.

Sie verdampfte, als – die Studenten waren gerade ge-gangen – eine eifersüchtige Kollegin auf mich zueilte und mich umarmte. Höchst geschickt und so, dass es sonst niemand mitbekam, merzte sie jegliches Hochgefühl aus, als sie mir in herablassendem Ton (und mit einem breiten Lächeln für die restlichen Kollegen) ins Ohr flüsterte: »Sehr gut, Bob. Aber wie wäre es, wenn Sie nun, da Sie die Babys auf dem Campus zufrieden gestellt haben, zur Ab-wechslung mal etwas richtige Arbeit machen würden?«

Diese schmerzhafte Erinnerung veranschaulicht die beiden Tests, die ich anwende, um zu beurteilen, ob sich jemand wie ein Arschloch verhält. **Erster Test:** Fühlt sich die »Zielperson« nach dem Gespräch mit dem vermeint-lichen Arschloch bedrückt, erniedrigt, demotiviert oder herabgesetzt? Vor allem aber: Hält sie sich für einen schlechteren Menschen? Ich kann Ihnen versichern, dass ich mich nach dieser Interaktion – die nicht einmal eine Minute dauerte – für einen schlechteren Menschen hielt. Hatte ich mich gerade eben noch so glücklich wie nie im Leben über meine Leistung gefühlt, so fürchtete ich nun, die Auszeichnung als bester Lehrer würde als Zeichen verstanden, dass ich meine Forschungsarbeit nicht ernst genug nähme (das Hauptkriterium, nach dem Stanford-Professoren bewertet werden). Obwohl manche Arschlöcher Schaden durch offenes Wüten und ungeschminkte Arroganz anrichten, ist das, wie diese Episode zeigt, nicht immer der Fall. Leute, die ihre Untergebenen und Rivalen mit lauter Stimme beleidigen und herabsetzen, kann man leichter erwischen und disziplinieren. Janusköpfige Verräter wie meine Kollegin dagegen, die über ausreichend Gewandtheit und emotionale Selbstkontrolle verfügen, ihre Attacken für Momente aufzusparen, in denen sie nicht erwischt werden können, sind schwerer zu stoppen – und richten häufig ebenso viel Schaden an wie ein tobender Troll.

Arschlöcher greifen auf eine Vielzahl weiterer Verhaltenweisen – Soziologen reden von »Interaktionshandlungen« beziehungsweise »Interaktionsstrategien« oder schlicht »Strategien« – zurück, um ihre Opfer zu erniedrigen und zu unterdrücken. Ich habe zwölf davon, sozusagen mein persönliches »dreckiges Dutzend«, zusammengestellt, um die Bandbreite dieser subtilen und gar nicht so subtilen Strategien zu illustrieren. Ich vermute, Sie kennen zahlreiche weitere, die Sie selbst mit angesehen, erlitten oder anderen zugefügt haben. Ich für mein Teil höre und lese nahezu jeden Tag von neuen niederträchtigen Strategien. Ob wir nun über persönliche Beleidigungen, direkt gegen den Status und das Selbstwertgefühl des Opfers gerichtete Attacken, Schuldzuweisungen, auf Statusminderung abzielende Rituale, als »Witze« verkleidete Beleidigungen reden oder darüber, dass man Leute behandelt, als seien sie Luft: Diese und hunderte anderer Strategien gleichen sich darin, dass sie ihren Opfern das Gefühl geben, angegriffen und häufig auch herabgesetzt worden zu sein, und sei es nur für einen kurzen Moment. Sie sind die Werkzeuge, mit denen Arschlöcher ihrem gemeinen Geschäft nachgehen.

Das dreckige Dutzend
Von Arschlöchern häufig benutzte Strategien

1. Persönliche Beleidigungen

2. Verletzung der Privatsphäre

3. Unaufgeforderter körperlicher Kontakt

4. Verbale und nonverbale Einschüchterungen und Drohgebärden

5. Als »sarkastische« Witze und Hänseleien getarnte Beleidigungen

6. E-Mail-Hassattacken

7. Angriffe auf den Status des Opfers

8. Öffentliche Demütigungen oder auf »Statusminderung« abzielende Rituale

9. Rüdes Unterbrechen

10. Janusköpfige Attacken

11. Bewusstes Anstarren

12. Leute wie Luft behandeln

Die alles andere als netten Dinge, die meine Kollegin mir ins Ohr geflüstert hatte, belegen sehr anschaulich, wie man temporäre und amtliche Arschlöcher auseinander halten kann. Jemanden allein auf der Grundlage eines solchen Einzelfalls in die Schublade »amtliches Arschloch« zu stecken, wäre ungerecht; wir können die Person lediglich als »temporäres Arschloch« bezeichnen. In Ermangelung zusätzlicher Informationen, die sie als amtliches Arschloch qualifizieren würden, muss ich die eben erwähnte Kollegin zunächst also als temporäres Arschloch titulieren. Die meisten von uns führen sich hin und wieder wie ein Arschloch auf; ich selbst bekenne mich da in mehreren Fällen schuldig. Einmal war ich so wütend auf eine Kollegin, der ich (fälschlicherweise) unterstellte, sie wollte unserer Gruppe ein Büro wegnehmen, dass ich ihr eine wenig höfliche E-Mail und Kopien davon an ihren Chef, andere Fakultätsmitglieder und ihre Untergebenen schickte. »Ich bin in Tränen ausgebrochen«, erzählte sie mir später, und ich entschuldigte mich bei ihr. Es ist ja nicht so, dass ich Tag für Tag andere Leute zur Sau mache, doch in diesem speziellen Fall habe ich mich wie ein Arsch verhalten. (Sollten Sie sich noch nie im Leben auch nur ein einziges Mal als Arschloch aufgeführt haben, melden Sie sich bitte sofort bei mir. Ich brenne darauf, zu erfahren, wie Sie diese übermenschliche Leistung zuwege gebracht haben.)

Die Anerkennung als amtliches Arschloch verlangt weitaus mehr. Die betreffende Person muss ein durchgängiges Verhaltensmuster zur Schau stellen, eine Vergangenheit mit einer Fülle von Episoden haben, an deren Ende sich ein »Ziel« nach dem anderen herabgesetzt, klein gemacht, erniedrigt, verachtet, unterdrückt und geschwächt fühlte und sich insgesamt schlechter vorkam. Psychologen unterscheiden zwischen Zuständen (flüchtigen Gefühlen, Gedanken und Handlungen) und Eigenschaften (dauerhaften Charakterzügen), indem sie nach über Zeit und Raum konsistenten Verhaltensweisen suchen – wenn jemand konsistent Handlungen vollzieht, in deren Kielwasser Opfer zurückbleiben, verdient dieser Jemand die Bezeichnung amtliches Arschloch.

Wir alle haben das Potenzial, uns wie Arschlöcher aufzuführen: Wenn die Bedingungen entsprechend schlecht sind, wenn wir unter Druck gesetzt werden oder insbesondere wenn der Arbeitsplatz alle und jeden – und vor allem die »besten« und »mächtigsten« Leute – zu einem solchen Verhalten ermutigt. Auch wenn ein sparsamer Umgang mit dem Ausdruck angebracht ist, verdienen es manche Leute aufgrund der Tatsache, dass sie über Zeit und Raum hinweg fies sind, als Arschloch zertifiziert zu

werden. Albert »Chainsaw Al« Dunlap ist ein bekannter
Kandidat für den Titel. »Kettensägen-Al« hat als ehemaliger CEO des Haushaltsgeräteherstellers Sunbeam nicht
nur ein Buch mit dem Titel *Mean Business* (etwa »Gemeines Geschäft«, A. d. Ü.) verfasst, er war darüber hinaus berüchtigt für die Beschimpfungen, mit denen er seine Mitarbeiter bedachte. In John Byrnes Buch *Chainsaw* verglich
ein Sunbeam-Manager Dunlap mit einem »Hund, der dich
stundenlang anbellt. Er brüllte, lärmte und tobte in einem
fort. Dunlap war herablassend, aggressiv und respektlos.«

Ein ebenfalls chancenreicher Kandidat ist der Produ-
zent Scott Rudin, bekannt als einer der miesesten Holly-
woodbosse. Laut einer Schätzung des *Wall Street Journal*
verschliss er in gerade einmal fünf Jahren, von 2000 bis
2005, 250 persönliche Assistenten; Rudin selbst meint, es
wären nur 119 gewesen (gab aber zu, diejenigen nicht be-
rücksichtigt zu haben, die es weniger als zwei Wochen
mit ihm ausgehalten hatten). Seine Ex-Assistenten erzählten dem *Wall Street Journal*, Rudin habe sie unaufhörlich
verflucht und angebrüllt – einer sagte, er sei gefeuert worden, weil er Rudin den falschen Muffin zum Frühstück
serviert habe. Rudin konnte sich zwar nicht daran erinnern, hielt es aber für »absolut denkbar«. Das Online-
magazin *Salon* zitiert eine ehemalige Assistentin, die um
6.30 Uhr einen Anruf von Rudin erhielt, in dem er sie bat,
ihn daran zu erinnern, Anjelica Houston Blumen zu ihrem Geburtstag zu schicken. Um elf Uhr rief Rudin sie
dann in sein Büro und brüllte: »Du Arschloch! Du hast
vergessen, mich daran zu erinnern, Blumen für Anjelica
Houstons Geburtstag zu besorgen.« »Das Letzte«, fügte
die Frau hinzu, »was ich von ihm sah, als er hinter der sich
langsam schließenden automatischen Tür verschwand,
war ein hochgereckter Mittelfinger.«

Solche Verhaltensweisen beschränken sich beileibe
nicht auf das männliche Geschlecht. Linda Wachner, die

frühere CEO des Textilkonzerns Warnaco, war berüchtigt dafür, Mitarbeiter, die ihre Leistungsvorgaben nicht erreicht hatten oder »schlicht missfielen«, öffentlich abzukanzeln. Chris Heyn, der frühere Direktor der Abteilung Hathaway-Hemden bei Warnaco, sagte gegenüber der *New York Times*: »Wenn man die Zahlen nicht brachte, striegelte sie einen runter, bis man nur noch ganz klein war. Eine furchtbare Erfahrung.« Laut anderen ehemaligen Warnaco-Mitarbeitern waren Wachners Attacken häufig »eher persönlicher denn beruflicher Natur und oft mit derben Anspielungen auf geschlechtliche, rassische oder ethnische Zugehörigkeit garniert«.

Berühmte Bosse sind nicht die einzigen, die ihre Untertanen permanent erniedrigen. Viele der E-Mails, die ich auf meinen Essay in der *Harvard Business Review* hin erhielt, erzählten Geschichten von Chefs, die ihre Untergebenen Tag für Tag herabsetzten und beleidigten. Nehmen wir eine Zuschrift aus Schottland. »Eine Frau, die ich kenne, hatte einen furchtbaren Boss. Das Büro, in dem sie arbeitete, war sehr klein und hatte nicht einmal eine Toilette. Meine Bekannte wurde schwanger und musste folglich häufig auf die Toilette. Dazu musste sie nicht nur in ein benachbartes Geschäft gehen, ihr Boss fand auch, dass sie das zu oft tat, und zog ihr die Toilettengänge von ihrer Pausenzeit ab!« Oder die ehemalige Sekretärin bei einem großen Versorgungsunternehmen, die mir sagte, sie habe ihren Job quittiert, weil ihre Chefin nicht aufhörte, ihr Haar und ihre Schultern zu streicheln.

Oder nehmen wir diesen Auszug aus einem Interview, das Harvey Hornstein (Autor von *Brutal Bosses and their Prey*, etwa »Brutale Chefs und ihre Beute«, A. d. Ü.) mit einem Opfer mehrfacher Erniedrigungen führte:

»Billy«, sagte er. Er stand im Türrahmen, sodass alle in dem zentralen Bereich uns sehen und deutlich hören konnten. »Billy, das taugt nichts, das taugt überhaupt nichts ...« Während er sprach, zerknüllte er die Papiere, die er in der Hand hielt. Meine Arbeit. Er zerknüllte ein Blatt nach dem anderen, hielt sie vor sich, als wären sie irgendetwas Schmutziges, und warf sie vor den Augen der anderen in mein Büro. Dann verkündete er mit lauter Stimme: »Mist kommt rein, Mist geht raus.« Ich wollte etwas sagen, aber er schnitt mir das Wort ab. »Sie haben mir Mist gegeben, und jetzt kehren Sie ihn auf.« Ich tat, wie geheißen. Durch die Tür konnte ich sehen, wie die Leute woandershin blickten, weil sie sich peinlich berührt fühlten. Sie wollten nicht sehen, was sich hier vor ihnen abspielte: Ein 36 Jahre alter Mann in einem Dreiteiler, der vor seinem Boss auf den Boden kniete und zerknülltes Papier einsammelte.

Sollten diese Geschichten zutreffen, dann verdienen alle diese Chefs, als Arschlöcher zertifiziert zu werden, weil sie die Leute, mit denen sie arbeiten, und insbesondere ihre Untergebenen konsistent gemein behandeln. Und das bringt uns zu **Test zwei**: Verspritzt der Fiesling sein Gift eher gegen Leute, die *weniger Macht* haben als er, oder vielmehr gegen Leute, die mächtiger sind? Das Verhalten meiner Kollegin bei der Abschlussfeier in Stanford fällt in die erste Kategorie, da sie schon länger dabei und zum Zeitpunkt des Angriffs einflussreicher war als ich.

Der Gedanke, dass die Art und Weise, wie eine höher gestellte Person eine rangniedrigere behandelt, viel über ihren Charakter aussagt, ist nicht auf meinem Mist gewachsen. Sir Richard Branson, der Gründer des Virgin-Imperiums, benutzte bei der Auswahl von Kandidaten für seine TV-Show *The Rebel Billionaire* (etwa »Der ungeschliffene Milliardär«), mit der er Donald Trumps höchst erfolgreicher TV-Show *The Apprentice* (»Der Lehrling«) Konkurrenz machen wollte, einen ähnlichen Ansatz. Als betagter arthritischer Fahrer verkleidet, holte er die Kandidaten für die Sendung vom Flughafen ab – und schmiss zwei von ihnen, die ihn im Glauben, er sei ein »irrelevantes menschliches Wesen«, übel abgefertigt hatten, kurzerhand aus der Show.

Auch hier geht es wieder darum zu unterscheiden: Handelt es sich um isolierte Ereignisse, wo Menschen sich wie Arschlöcher aufführen – oder haben wir es mit amtlichen Arschlöchern zu tun, die ihr Gift in einem fort gegen weniger mächtige und, falls überhaupt, nur selten gegen mächtigere Mitmenschen verspritzen? Einer, der die Kriterien erfüllt, ist John R. Bolton, der umstrittene neue US-Botschafter bei den Vereinten Nationen, zumindest wenn die Aussagen in der Anhörung vor dem US-Kongress zutreffend sind. Obwohl Bolton Gefahr lief, vom Kongress nicht bestätigt zu werden, hatte Präsident George W. Bush dessen Berufung beschlossen. Dass Bolton im Ruf stand, Kollegen verbal massive Breitseiten zu verpassen, heizte die Medienhysterie im Umfeld seiner Ernennung zusätzlich an. So berichtete etwa Melody Townsel bei den Anhörungen, sie habe 1994 als Subunternehmerin der amerikanischen Entwicklungshilfeorganisation USAID in Moskau Bekanntschaft mit Boltons Gehässigkeit gemacht, nachdem sie sich über die Unfähigkeit eines Klienten beschwert hatte, den Bolton als Anwalt vertrat.

»In der Folgezeit«, schrieb Townsel 2005 in einem Brief an den Außenpolitischen Ausschuss im Senat, »jagte Mr. Bolton mich durch die Flure eines russischen Hotels – warf mir Beleidigungen an den Kopf, schob Drohbriefe unter der Tür meines Zimmers durch und führte sich überhaupt wie ein Irrer auf«, und das »nahezu zwei Wochen lang, während ich auf neue Anweisungen wartete … John Bolton setzte mir auf so abscheuliche Art zu, dass ich mich schließlich in mein Hotelzimmer zurückzog und dort blieb, was natürlich nur bewirkte, dass er regelmäßig vor meinem Zimmer auftauchte, gegen die Tür trommelte und Bedrohungen ausstieß. Unter anderem«, so Townsel, »äußerte er sich auf unverschämte Weise über mein Gewicht, meine Garderobe und, zusammen mit ein paar Teamleitern, über mein Sexualleben.«

In einer anderen Aussage vor dem Senatsausschuss nannte der frühere Bolton-Untergebene und überzeugte Republikaner Carl Ford Jr. seinen Ex-Vorgesetzten einen »nach unten tretenden und nach oben katzbuckelnden Menschen«. Sollten diese Berichte der Wahrheit entsprechen, dann qualifizieren sie Bolton für die Zwecke dieses Buches als amtliches Arschloch, denn dann sind seine Fehltritte Teil eines bösartigen Musters und keine aus dem charakterlichen Rahmen fallenden Entgleisungen, die er sich ein- oder zweimal hat zuschulden kommen lassen, weil er einen schlechten Tag hatte.

Ersetzen Sie Arschlöcher nicht durch Feiglinge oder servile Klone

Der Begriff »Arschloch« muss auch deshalb eindeutig definiert werden, weil dieses Buch *nicht* dafür eintritt, anstatt von Fieslingen rückgratlose Feiglinge zu rekrutieren oder heranzuzüchten. Mir geht es allein darum, Leute zu identifizieren und zu reformieren oder auszusondern, die andere herabsetzen und verletzen, insbesondere, wenn diese anderen deutlich weniger Macht haben. Wenn Sie sich für die Vorzüge leiser Töne und der Nuancen der Arbeitsplatzetikette interessieren, dann lesen Sie bei Knigge nach. Ich bin ein überzeugter Anhänger der Nützlichkeit von Konflikten und lautstark ausgetragener Meinungsverschiedenheiten – und die Fakten unterstützen meine Sichtweise. Unternehmen und Teams, die Widerspruch unterdrücken, bringen im Allgemeinen schlechtere Leistungen. Organisationen, die in der Frage, wen sie zur Tür hereinlassen, zu engstirnig und rigide agieren, ersticken die Kreativität und werden bald nur von tumben Klonen bevölkert sein.

Ein gewisses Maß an Reibung kommt jeder Organisation zugute. Andy Grove, Mitbegründer und Ex-CEO von Intel, ist, um nur ein berühmtes Beispiel zu zitieren, bekannt für seinen starken Willen und seine Streitlust. Und dafür, dass er sich an die Fakten hält und jeden (von neu eingestellten Intel-Ingenieuren über die Stanford-Studenten, die er in Unternehmensstrategie unterrichtet, bis hin zu hochrangigen Intel-Managern) dazu auffordert, seine Ideen in Frage zu stellen. Grove ging es immer nur darum, die Wahrheit zu finden, nicht darum, Leute niederzumachen. Abgesehen davon, dass ich rückgratlose und servile Feiglinge verachte, deutet vieles darauf hin, dass sie erheblichen Schaden anrichten. Eine ganze Reihe kontrollierter Experimente und Feldstudien belegt, dass Teams, die sich in einem von gegenseitigem Respekt geprägten Konflikt über Ideen streiten, bessere Ideen und bessere Leistungen bringen. Eben aus diesem Grund bringt Intel seinen Mitarbeitern bei, wie man kämpft, und müssen alle neuen Mitarbeiter ein Seminar in »konstruktiver Konfrontation« belegen. Wenn die Teammitglieder aber persönliche Konflikte austragen – wenn sie aus Bosheit und Wut streiten –, dann, so zeigen dieselben Studien, leiden Kreativität, Leistung und Arbeitsplatzzufriedenheit. Mit anderen Worten, wenn sich Leute wie Arschlöcher aufführen, leidet die ganze Gruppe.

Lassen Sie mich hier ein gutes Wort für sozial unbeholfene Menschen einlegen, die sich zum Teil – wenn auch nicht aus eigenem Antrieb – ihren Mitmenschen gegenüber so unsensibel verhalten, dass man sie manchmal für Arschlöcher halten könnte. Natürlich geben Menschen mit einer hohen »emotionalen Intelligenz«, die sich in andere hineinversetzen können und auf deren Bedürfnisse und Gefühle einzugehen verstehen, eine sehr angenehme Gesellschaft und hervorragende Führungspersönlichkeiten ab. Gleichzeitig gibt es eine Vielzahl extrem wertvoller Mitarbeiter, die sich – sei es, weil sie in zerrütteten Familien aufgewachsen sind, unter Behinderungen wie dem Asperger-, dem Tourette-Syndrom oder nonverbalen Lernstörungen leiden oder aus anderen Gründen – seltsam verhalten, wenig ausgebildete soziale Fähigkeiten haben und ohne Absicht anderer Leute Gefühle verletzen.

Vor ein paar Jahren habe ich unter dem Titel *Weird Ideas That Work* (deutsche Ausgabe: *Stellen Sie Leute ein, die Sie eigentlich nicht brauchen*, München 2003) ein Buch über den Aufbau kreativer Organisationen geschrieben. Bei der Recherche dafür stellte ich erstaunt fest, dass viele erfolgreiche Führer von Hightechunternehmen und kreativen Organisationen, wie Werbeagenturen oder Grafikdesignfirmen, und Hollywood-Produzenten gelernt hatten, die Eigenarten und merkwürdigen Manierismen von Bewerbern zu ignorieren und sozial unangemessene Verhaltensweisen herunterzuspielen und sich stattdessen auf die fachliche Qualifikation zu konzentrieren. Von diesem Ansatz hörte ich zum ersten Mal durch Nolan Bushnell, dem Gründer von Atari, dem ersten richtig erfolgreichen Hersteller von Computerspielen. Während er für das Marketing nach Leuten Ausschau hielt, die mit Worten überzeugen können, wollte er, was technische Mitarbeiter anging, vor allem ihre Arbeit sehen. Schließlich, so Bushnell, »kommen die besten Ingenieure manchmal in Körpern daher, die nicht reden können«. Wie ich später erfuhr, glauben Filmstudenten an Kaderschmieden wie der University of South California, dass große Talente, insbesondere Drehbuchautoren, die ein wenig sonderbar daherkommen, als kreativer gelten, und kultivieren deshalb gezielt Eigenheiten, sprich: legen sich ausgefallene Ticks zu und ziehen sich seltsam an.

Die Fakten belegen Ihren Eindruck:
An Arbeitsplätzen wimmelt es nur so von Arschlöchern

Ich kenne keine wissenschaftliche Studie, die sich explizit mit der »Verbreitung von Arschlöchern in modernen Organisationen« oder den »zwischenmenschlichen Strategien von Arschlöchern am Arbeitsplatz: Formen und Häufigkeit« befasst. Aber ich weiß, dass jeder einzelne meiner Freunde und Bekannten laut eigener Aussage mit mindestens einem solchen Fiesling zusammenarbeitet. Und wenn Leute hören, dass ich über das Thema schreibe, muss ich sie nicht lange um Geschichten über diese Widerlinge bitten – sie kommen von allein auf mich zu und servieren sie mir auf dem Silbertablett.

Wer weiß, vielleicht spiegelt diese Flut qualvoller wie auch amüsanter Anekdoten meine speziellen Abneigungen wider. Zumindest habe ich mich im Verdacht, empfindlicher als die meisten Menschen auf Kränkungen zu reagieren, insbesondere wenn sie von unhöflichen, boshaften oder desinteressierten Leuten im Dienstleistungssektor ausgehen. Zudem bin ich mit einer Anwältin verheiratet, und Anwälte sind für einen deutlich überproportionalen Anteil an herrschsüchtigen Arschlöchern in ihren Reihen berüchtigt, die häufig explizit dafür bezahlt werden, andere einzuschüchtern, die aber andererseits manchen in sehr großen Schwierigkeiten steckenden Zeitgenossen durch die schwierigste Zeit ihres Lebens helfen. Und da ich mich seit längerem mit dem Thema befasse, fallen mir neue Informationen über Widerlinge eher ins Auge und erinnere ich mich besser an sie als an, sagen wir, barmherzige

Samariter, berühmte Athleten oder ungewöhnlich kluge Köpfe.

Es gibt außerdem eine Menge wissenschaftlicher Untersuchungen, die zu ähnlichen Schlussfolgerungen gelangen: Untersuchungen zu Themen wie Mobbing, interpersoneller Aggression, emotionaler Misshandlung, Machtmissbrauch durch Vorgesetzte, Tyrannei im Kleinen und Unhöflichkeit am Arbeitsplatz. Laut diesen Studien kommt es an vielen Arbeitsplätzen zu »interpersonellen Aktionen« – häufig von Vorgesetzten gegen Untergebene –, die die Betroffenen herabwürdigen oder bedrohen.

Ein paar Beispiele:

- Bei einer repräsentativen Umfrage unter 700 Arbeitnehmern in Michigan von Loraleigh Keashly und Karen Jagatic im Jahr 1997 gaben 27 Prozent der Befragten an, von Arbeitskollegen schikaniert zu werden, und einer von sechs sagte, dass er Opfer andauernder psychischer Misshandlungen sei.

- Von den 5 000 Mitarbeitern des US-Kriegsveteranenministeriums, die Loraleigh Keashly und Joel Neuman 2002 im Rahmen einer Studie über Aggression und Mobbing am Arbeitsplatz zu 60 »negativen Verhaltensweisen am Arbeitsplatz« befragten, beklagten sich 36 Prozent über »permanente Feindseligkeiten« von Mitarbeitern und Vorgesetzten, was bedeutete, dass sie »über ein Jahr hinweg mindestens einmal pro Woche einer aggressiven Attacke ausgesetzt waren«. Nahezu 20 Prozent der befragten Arbeitnehmer fühlten sich »mäßig« bis »sehr stark« belästigt durch beleidigende und aggressive Verhaltensweisen wie Anschreien, Wutanfälle, herabsetzende Kommentare, bewusstes Anstarren, Ausschluss, abfälliger Tratsch und (in seltenen Fällen) »Zudringlichkeiten, Stöße, Tritte, Bisse und andere sexuelle und nichtsexuelle Attacken«.

- Krankenschwestern werden laut mehreren Studien besonders häufig erniedrigt. Von 175 Krankenschwestern gaben einer Untersuchung zufolge rund 60 Prozent an, von Ärzten mindestens einmal in zwei Monaten angeschrien, verbal attackiert oder beleidigt zu werden. Laut einer anderen Studie, bei der 1 100 Krankenschwestern in den USA befragt wurden, gaben 97 Prozent an, verbal misshandelt worden zu sein.

Als Doktorand an der University of Michigan verbrachte ich gemeinsam mit Daniel Denison eine Woche damit, Krankenpflegekräfte zu interviewen und bei der Arbeit zu beobachten, und wir beiden waren entsetzt, wie rücksichtslos und ausfallend die männlichen Ärzte die (zumeist weiblichen) Krankenpflegekräfte behandelten. Nehmen wir nur den Fall des Chirurgen, dem wir den Namen »Dr. Gooser« – Dr. Geil – verpassten, nachdem wir Zeuge geworden waren, wie er eine Krankenschwester im Flur verfolgte und dabei versuchte, ihr in den Hintern zu kneifen. Die von uns interviewten Krankenschwestern beklagten sich darüber, dass es nichts bringe, ihn der Verwaltung zu melden, da sie dann doch nur als Unruhestifterinnen bezeichnet würden und zu hören bekämen, dass er lediglich »herumalbere«. Also blieb ihnen keine andere Wahl, als ihm möglichst aus dem Weg zu gehen.

Zusammen mit Kollegen hat Christine Pearson eine umfassende Studie über »Unhöflichkeit am Arbeitsplatz« durchgeführt, eine etwas mildere Variante der Gehässigkeit als emotionale Misshandlung oder Mobbing. Von 800 befragten Arbeitnehmern gaben zehn Prozent an, jeden Tag Unhöflichkeiten am Arbeitsplatz zu erleben, und 20 Prozent sagten, sie seien mindestens einmal pro Woche das unmittelbare Opfer.

Europäische Wissenschaftler ziehen den Begriff »Mobbing« dem der »psychischen Misshandlung« vor. In einer

Analyse von Studien über Mobbing am Arbeitsplatz in Großbritannien kamen Charlotte Rayner und ihre Kollegen zu dem Ergebnis, dass rund 30 Prozent der britischen Arbeitnehmer einmal pro Woche oder häufiger von Mobbern belästigt werden. In einer dieser Studien, für die über 5 000 Arbeitnehmer in privaten und öffentlichen Unternehmen befragt wurden, gaben 25 Prozent an, schon einmal Opfer von Mobbingattacken gewesen zu sein – davon rund 40 Prozent in den sechs Monaten vor der Befragung –, und nahezu 50 Prozent sagten, sie hätten in den vorangegangenen fünf Jahren Mobbinghandlungen miterlebt. Laut diesen Studien leiden in Großbritannien insbesondere Angestellte in Gefängnissen, Schulen und im Postdienst unter Mobbing. Besonders betroffen sind aber auch Assistenzärzte an Krankenhäusern, zumindest legt diese eine Umfrage unter 594 Assistenzärzten nahe, bei der 37 Prozent angaben, im Vorjahr gemobbt worden zu sein, und 84 Prozent sagten, sie wären Zeuge von Mobbingattacken gegen andere Assistenzärzte geworden.

Auch in anderen Ländern, von Australien und Deutschland über Finnland, Frankreich, Irland, Kanada bis hin zu Österreich und Südafrika, sind, wie eine Vielzahl weiterer Untersuchungen belegt, psychische Misshandlungen und Mobbing weit verbreitet. Bei einer repräsentativen Umfrage unter australischen Arbeitnehmern beispielsweise berichteten 35 Prozent, von mindestens einem Kollegen, und 31 Prozent, von mindestens einem Vorgesetzten verbal erniedrigt worden zu sein. Laut einer repräsentativen Studie unter 5 000 dänischen Arbeitnehmern zum Thema »böswilliges Hänseln« sagten mehr als sechs Prozent der Befragten, sie seien dieser spezifischen Form des Mobbings am Arbeitsplatz regelmäßig ausgesetzt. Bei der »Third European Survey on Working Conditions 2000«, der im Jahr 2000 durchgeführten dritten europäischen Erhebung zu den Arbeitsbedingungen, die auf 21 500 persönlichen Interviews mit Arbeitnehmern aus den Ländern der Europäischen Union basiert, gaben neun Prozent der Befragten an, permanent unter Mobbing und Einschüchterungen zu leiden.

Ein Großteil dieser Handlungen wird von Vorgesetzten gegenüber Untergebenen begangen (die Schätzungen reichen von 50 bis 80 Prozent), etwas weniger unter ungefähr gleichrangigen Mitarbeitern (zwischen 20 und 50 Prozent) und in weniger als einem Prozent der Fälle von Untergebenen gegenüber Vorgesetzten. Obwohl die Ergebnisse hinsichtlich des proportionalen Anteils von Frauen und Männern an solchen Vorgängen nicht eindeutig sind, zeigt sich, dass Männer und Frauen ungefähr im selben Maß betroffen sind. Vor allem aber belegen die Zahlen, dass Mobbing und psychische Misshandlung vorwiegend innerhalb der Geschlechtergrenzen stattfinden, sprich dass Männer eher Männer und Frauen eher Frauen mobben. Laut einer Internetumfrage des Workplace Bullying and Trauma Institute wurden 63 Prozent der betroffenen Frauen von anderen Frauen und 62 Prozent der betroffenen Männer von anderen Männern gemobbt.

Auch auf die Frage, ob Mobbing und Misshandlungen eher von Männern oder von Frauen ausgeübt werden, gibt es keine klare Antwort. Während einige der besten Studien (darunter die repräsentative Umfrage in Michigan von Loraleigh Keashly und Karen Jagatic) keine sichtbaren geschlechtsbedingten Unterschiede zeigen, sind laut mehreren europäischen Untersuchungen die Täter eher Männer. Laut europäischen Umfragen werden die Opfer zudem häufiger von mehreren Leuten, sowohl Männern wie Frauen, gemobbt. Kurz gesagt, üblicherweise ist der Übeltäter zwar männlichen Geschlechts, doch finden sich in allen untersuchten Ländern auch sehr viele Frauen, die Gleichgestellte und Untergebene demütigen, herabsetzen und demotivieren.

Die Liste der wissenschaftlichen Studien über Mobbing, psychische Misshandlung, Tyrannen und Unhöflichkeit am Arbeitsplatz ist schier endlos – Aberhunderte von Aufsätzen und Kapiteln über das Thema wurden inzwischen veröffentlicht. Wer was wem antut und in welcher Intensität und Häufigkeit, hängt zwar vom jeweiligen Umfeld, aber auch davon ab, wie »Misshandlung« definiert und gemessen wird, doch eines steht unzweifelhaft fest: Es gibt da draußen einen Haufen Arschlöcher.

Der beste Maßstab für den Charakter eines Menschen

Diego Rodriguez arbeitet für IDEO, eine kleine Innovationsfirma, für die ich über ein Jahrzehnt geforscht und gearbeitet habe. Weil IDEO ein so zivilisierter Arbeitsplatz ist, werden Sie noch mehr über das Unternehmen zu hören bekommen – und über Diego, der allen Organisationen empfiehlt, einen »schlagfesten und kugelsicheren Arschlochdetektor« zu entwickeln. Ich schlage Ihnen zwei Schritte zur Identifikation von Arschlöchern vor: Erstens, suchen Sie nach Leuten, die andere Menschen beständig demütigen und demoralisieren. Zweitens, fragen Sie sich, ob die Opfer generell weniger Macht und einen geringeren sozialen Rang als ihre Peiniger haben.

Diese beiden Fragen basieren auf einer grundlegenden Erkenntnis, einer Erkenntnis, die in diesem Buch immer wieder zum Tragen kommt: *Der Unterschied zwischen dem, wie ein Mensch jemanden mit weniger Macht behandelt, und dem, wie er jemanden mit mehr Macht behandelt, ist meiner Meinung nach der beste Maßstab für seinen Charakter.* Ich habe weiter oben beschrieben, mit welcher Methode Richard Branson die Möchtegern-Milliardäre für seine TV-Show aussiebte. Dasselbe habe ich, wenn auch in kleinerem Stil und eher zufällig, an der Stanford University miterlebt, wo mir vor mehreren Jahren ein Professor über den Weg lief, der den Arschlochtest zu 100 Prozent bestanden hätte. Von einem Studenten in den ersten Studienjahren, der sich in der Universitätsbürokratie verheddert hatte, um Hilfe gebeten, zeigte er sich zunächst sehr abweisend und verweigerte ihm jegliche Unterstützung. Kaum aber hatte dieser angesehene Professor erfahren, dass die Eltern des betreffenden Studenten einflussreiche Geschäftsleute waren und der Universität eine großzügige Spende hatten zukommen lassen, mutierte der unnahbare Gelehrte zu einem hilfsbereiten und umgänglichen Menschen.

Wenn jemand Mitmenschen mit unbekanntem oder geringerem Status herzlich und höflich behandelt, dann bedeutet das meiner Meinung nach, dass er oder sie ein anständiger oder, wie es auf Jiddisch heißt, »a echter« Mensch ist, sprich das Gegenteil eines amtlichen Arschlochs. Kleine Gefälligkeiten tragen nicht nur dazu bei, dass Sie sich selbst besser fühlen, sie können noch weit mehr Früchte tragen, wie das Beispiel eines meiner früheren Studenten, des kanadischen Rhodes-Stipendiaten Charlie Galunic, beweist. Charlie, der heute am European Institute for Business Administration (INSEAD) in Frankreich Management unterrichtet, gehört mit zu den zuvorkommendsten Menschen, die mir je begegnet sind. Auf dem Weg zu seinem Interview für das Rhodes-Stipendium saß er auf einem zugigen und völlig überfüllten Bahnsteig von Kingston, Ontario, und wartete auf den Zug nach Toronto, als er ein älteres Ehepaar stehen sah. Charlie stand sofort auf und bot den beiden seinen Sitzplatz an, den sie dankbar annahmen. Am nächsten Tag traf Charlie das Ehepaar auf einem Empfang für die Stipendiumsanwärter, und wie sich herausstellte, gehörte der Mann dem Auswahlkomitee an. Charlie weiß nicht, ob seine kleine Höflichkeitsgeste ihm

dabei half, das prestigeträchtige Stipendium zu gewinnen –
aber mir gefällt der Gedanke, dass es so war.

Ich habe dieses Buch geschrieben, um mit dazu beizutragen, dass Organisationen entstehen und sprießen,
die Menschen wie Charlie bevorzugt einstellen und preisen. Und Arbeitsplätze geschaffen werden, an denen Kotzbrocken früher oder später die Rechnung für ihre Taten
präsentiert wird – oder wo sie zumindest reformiert oder
vor die Tür gesetzt werden.

2

Der Schaden, den Arschlöcher anrichten

Organisationen brauchen die Anti-Arschloch-Regel, weil böswillige Menschen ihren Opfern, den von Nebeneffekten betroffenen Umstehenden und der Leistungsfähigkeit der Organisation massiven Schaden zufügen. Am offensichtlichsten ist natürlich der Schaden, den die Opfer erleiden, und dieses Leid war auch das zentrale Thema in den oftmals überaus peinvollen Geschichten, die ich auf meine Essays über die negativen Auswirkungen von Arschlöchern hin erhielt. Zu den offensten und am meisten verstörenden Berichten gehörte, was mir ein ehemaliger Wissenschaftler vom Supreme Court in Washington in einer E-Mail schrieb:

> Ich gehörte den unteren Chargen einer Organisation an, die zum dritten Arm[2] der Regierung gehört und zuließ, dass das exakte Gegenteil der Anti-Arschloch-Regel Blüten trieb. Ganz wie Sie sagen: Es gab keinerlei physische Gewalt, keine dem Auge offenkundigen Verletzungen, es sei denn, man befasste sich genauer mit den Gründen für aschfahle Gesichter, hohen Blutdruck, die vielen Arztbesuche oder die Unmenge an rezeptfrei gekauften Medikamenten. Wer bereit ist zu suchen und zuzuhören allerdings, wird nicht umhinkommen, die psychischen Narben auf der individuellen und der organisatorischen Ebene zu sehen. Ich habe sie erster Hand erfahren … Ich habe missbräuchliche Verhaltensmuster auf den höchsten Regierungsebenen erfahren und miterlebt.

[2] Gemeint ist die Jurisdiktion, neben der Exekutive und der Legislative (A. d. Ü.).

Hören Sie den Opfern und den mittelbar Betroffenen wie diesem Wissenschaftler zu, die die Hauptlast tragen. Sprechen Sie mit Managern, Anwälten für Arbeitsrecht, Beratern und Unternehmenstrainern, die mit dem Problem »Arschlochmanagement« zu tun haben. Lesen Sie die Studien, die sich mit psychischer Misshandlung, Tyrannei im Kleinen, Belästigung, Mobbing, zwischenmenschlichen Aggressionen und »schlechtem Verhalten« am Arbeitsplatz befassen. Wenn Sie das tun, werden Sie feststellen: Die schlechten Nachrichten nehmen kein Ende – im Gegenteil, sie liefern eine verstörende Beweiskette für das Unheil, das temporäre und amtliche Arschlöcher anrichten.

Der Schaden der Opfer

Der durch entwürdigende und unaufgeforderte Annäherungsversuche seitens lüsterner Bosse, Kollegen und Kunden angerichtete Schaden ist gut dokumentiert. Dasselbe gilt für die Opfer rassistischer und religiöser Diskriminierung, die häufig ausgeschlossen, erniedrigt und als unsichtbar behandelt werden. Aber es gibt auch immer mehr Hinweise, dass Gleichberechtigungsarschlöcher ihren Opfern großen Schaden zufügen. Zahllose Studien aus den Vereinigten Staaten, Europa (insbesondere Großbritannien) und in jüngerer Zeit auch aus Australien und asiatischen Ländern belegen die negativen Auswirkungen niederträchtiger Verhaltensweisen am Arbeitsplatz.

Bernd Tepper etwa führte für seine Studie zu Missbrauch durch Vorgesetzte eine repräsentative Umfrage unter 712 Arbeitnehmern in einer Stadt im Mittleren Westen der USA durch. Wie sich zeigte, hatten viele davon Vorgesetzte, die sie verspotteten, kränkten, wie »Luft« behandelten oder mit Aussagen wie »Sie sind unfähig« oder »Ihre Gedanken und Gefühle sind dumm« beleidigten;

Verhaltensweisen, die Leute dazu brachten, ihre Jobs hinzuschmeißen, und die die Arbeitsleistung derjenigen verminderten, die das nicht taten. Eine Folgebefragung nach sechs Monaten ergab, dass die Mitarbeiter von beleidigenden Vorgesetzten deutlich häufiger gekündigt hatten, und dass diejenigen, die geblieben waren, unter geringerer Zufriedenheit in der Arbeit und im Leben, einer niedrigeren Loyalität gegenüber ihrem Arbeitgeber und zunehmend unter Depressionen, Angstzuständen und dem Burn-out-Syndrom litten. Zu ähnlichen Ergebnissen gelangten dutzende anderer Studien, bei denen die Betroffenen über Symptome wie geringere Arbeitsplatzzufriedenheit und Produktivität, Konzentrationsprobleme bei der Arbeit sowie geistige und körperliche Gesundheitsprobleme wie Schlafstörungen, Angstzustände, Selbstwertmangel, chronische Müdigkeit, Reizbarkeit, Wut und Depressionen klagten.

Arschlöcher wirken sich deshalb so verheerend aus, weil sie ihren Opfern weniger durch ein oder zwei dramatische Episoden, sondern vielmehr durch eine Vielzahl kleiner, entwürdigender Aktionen Energie rauben und das Selbstwertgefühl schwächen. Ein gutes Beispiel dafür ist der Bürokaufmann, der mir erzählte, dass seine Chefin zwar niemals laut ihm gegenüber werde, er aber bei jedem Meeting in ihrem Büro »einen kleinen Tod« sterbe, weil sie ihn »wie Luft« behandle. Statt ihm bei einer Besprechung in die Augen zu sehen, was nur höchst selten vorkommt, schaue sie, so schrieb er, an ihm vorbei in den Spiegel in seinem Rücken, um ihr Ebenbild zu bewundern und hier und da etwas zurechtzuzupfen oder ihre Haltung und ihre Gesichtszüge zu korrigieren. Geschichten über extreme öffentliche Demütigungen sind natürlich dramatischer und bleiben besser im Gedächtnis haften, aber viel häufiger sind es solche kleine Gemeinheiten, die im Arbeitsalltag ihren Tribut von uns fordern.

Die kurzen bösen Blicke, die Sticheleien und Witzchen, die in Wahrheit nichts anderes sind als öffentliche Bloßstellungen und Beleidigungen, die Leute, die uns behandeln, als wären wir Luft, und uns von kleinen und großen Zusammenkünften ausschließen – all diese hässlichen kleinen Seitenaspekte des Lebens in Organisationen fügen nicht nur momentanen Schmerz zu. Sie wirken sich in der Summe negativ auf unsere geistige Gesundheit und unsere Loyalität gegenüber unseren Vorgesetzten, den Kollegen und der Organisation aus.

Dass Arschlöcher so verheerende kumulative Folgen zeitigen, liegt zum Teil daran, dass sich negative Interaktionen weit stärker auf uns auswirken als positive – und zwar *fünfmal stärker*, so eine neuere Studie. Bei der von Andrew Miner, Theresa Glomb und Charles Hulin durchgeführten Studie erhielten 41 Angestellte Palmtop-Computer und füllten über einen Zeitraum von zwei bis drei Wochen an jedem Arbeitstag vier kurze, zu einer zufälligen Tageszeit per E-Mail auf das Gerät geschickte Fragebögen aus. Die Teilnehmer hatten jeweils 20 Minuten Zeit, Fragen unter anderem danach zu beantworten, ob sie in den letzten Stunden eine Interaktion mit einem Vorgesetzten oder einem Kollegen gehabt hatten und ob diese positiv oder negativ gewesen war. Außerdem mussten sie in einer Liste ankreuzen, ob sie sich gerade »traurig«, »zufrieden«, »glücklich« und so weiter fühlten. Unter dem Strich überwogen die positiven die negativen Interaktionen; zum Beispiel bewerteten die Befragten 30 Prozent der Interaktionen mit Kollegen als positiv und nur zehn Prozent als negativ. Aber wir wissen ja, dass sich negative Interaktionen *fünfmal stärker* auf unsere Stimmung auswirken als positive – mit anderen Worten, fiese Menschen hinterlassen einen weitaus nachhaltigeren Eindruck als gesittete Zeitgenossen. Und tatsächlich spiegelte sich das in den Empfindungen der Testpersonen.

Diese Erkenntnis hilft mit zu erklären, warum sich Mobbing so verheerend auswirkt. Um auszugleichen, was einem das Zusammentreffen mit einem Arschloch an Energie und Wohlbefinden raubt, braucht es viele Interaktionen mit positiven Menschen.

Das leidende Publikum

Arschlöcher fügen nicht nur ihren unmittelbaren Opfern Schaden zu. Auch die Kollegen, Familienangehörigen oder Freunde, die diese hässlichen Vorfälle miterleben – oder davon hören – sind betroffen. Laut Bernard Tepper litten Arbeitnehmer, die von Vorgesetzten gemobbt wurden, häufiger unter Konflikten zwischen Beruf und Familie und stimmten eher Aussagen wie »Die Anforderungen meiner Arbeit beeinträchtigen mein Privat- und mein Familienleben« zu. Welches Leid aus zweiter Hand sich hinter so trockenen Umfragepunkten verbirgt, illustriert folgende E-Mail, die mir die verzweifelte Frau eines Managers schickte:

Mein Mann gehört zu den Führungskräften, die direkt einem solchen CEO-Arsch unterstellt sind. Wir sind extra wegen dieser »Karrierechance« aus dem Mittleren Westen hierher gezogen. Die Führungskräfte versuchen sich gegenseitig Trost zu spenden und zu unterstützen, sind sich aber alle sehr genau der Tatsache bewusst, dass jederzeit einer von ihnen beschließen könnte, das Handtuch zu werfen und der Stress dann unter den Zurückgebliebenen aufgeteilt würde. Die verbalen Misshandlungen, von denen mein Mann mir berichtet, sind unfassbar, und dabei weiß ich, dass er mir das Schlimmste vorenthält.

Die Nebeneffekte auf Augenzeugen und andere mittelbar Betroffene, und zwar auch auf diejenigen, die das Arschloch nicht direkt in Aktion erleben, beschreibt der bereits weiter oben zitierte ehemaliger Wissenschaftler am US Supreme Court:

> Die Folgen waren verheerend, und zwar selbst für diejenigen, die keinen unmittelbaren Kontakt mit den Übeltätern hatten. Die wahrheitsgemäßen Berichte über die erniedrigenden Interaktionen ließen das Bild eines mythischen, aber realen Monsters (und weiterer Monster) entstehen, vor dem sich jeder fürchtete. Gleichermaßen schädlich waren die Auswirkungen auf die Organisation und ihre Fähigkeit, auf interne und externe Erfordernisse zu reagieren. Das grassierende Misstrauen war fast mit Händen greifbar. Die Kommunikation reduzierte sich auf »Bring deinen Arsch in Sicherheit«-E-Mails, lange, detaillierte Memos und Meetings, an denen unbeteiligte Dritte als Zeugen teilnahmen. Die unter den Mitarbeitern um sich greifende Strategie der kreativen Vermeidung führte zu einem sprunghaften Anstieg der nach Arbeitsende verschickten Voice-Mails, zu geheimen Abkommen zwischen denjenigen, die einander vertrauten, und einem freigebigen Umgang mit Krankmeldungen.

Die umfassendsten Belege für diese Nebeneffekte haben europäische Forscher zusammengetragen. Während, wie bereits in Kapitel 1 erwähnt, von den über 5 000 Arbeitnehmern, die im Rahmen einer britischen Mobbingstudie befragt wurden, 25 Prozent in den vorangegangenen fünf Jahren Mobbingattacken ausgesetzt waren, hatten nahezu 50 Prozent der Befragten in diesem Zeitraum Mobbingvorfälle miterlebt. Laut einer weiteren britischen Studie, an der über 700 Angestellte im öffentlichen Dienst teilnahmen, litten 73 Prozent derjenigen, die Zeuge von Mobbingvorfällen geworden waren, an erhöhtem Stress und hatten 44 Prozent Angst, selbst zur Zielscheibe solcher Attacken zu werden. Bei einer norwegischen Studie, für die mehr als 2 000 Arbeitnehmer aus sieben Berufsfeldern interviewt wurden, sagten 27 Prozent der Befragten, dass Mobbing ihre Produktivität vermindere, obwohl sich nur zehn Prozent als Mobbingopfer bezeichneten. Verantwortlich für diesen zusätzlichen Schaden scheint die Angst zu sein, die Mobber in ihrem Umfeld verbreiten. Einer Studie aus Großbritannien zufolge verspürten zwar über ein Drittel der Zeugen den Wunsch, den Mobbingopfern zur Seite zu springen, hatten aber Angst, es tatsächlich zu tun. Mobber treiben Augen- und Ohrenzeugen ihrer Attacken ebenso aus dem Job wie ihre unmittelbaren Opfer. Charlotte Rayner kam in ihrer Analyse britischer Mobbingstudien zu dem Schluss, dass rund 25 Prozent der Mobbingopfer – und etwa 20 Prozent der Zeugen – ihren Job aufgeben. Arschlöcher verletzen also nicht nur ihre unmittelbaren Opfer, mit ihrem gemeinen Gehabe können sie sämtliche anderen Mitarbeiter im direkten Umfeld vergraulen – ganz abgesehen davon, was sie damit ihrer eigenen Karriere und Reputation antun.

Auch Arschlöcher leiden

Die meisten Fieslinge sind zugleich Opfer ihrer eigenen Taten. Sie erleiden Karriererückschläge und werden gelegentlich selbst gedemütigt. Kennzeichnend für Arschlöcher ist, dass sie ihren Opfern und den Umstehenden Kraft und Energie rauben, und wer andere systematisch schwächt, untergräbt damit notwendigerweise seine eigene Leistungsfähigkeit.

Zusammen mit seinen Kollegen bat Rob Cross von der University of Virginia Leute aus drei unterschiedlichen organisatorischen »Netzwerken« – Strategieberater, Ingenieure und Statistiker –, jeden ihrer Kollegen anhand folgender Frage zu bewerten: »Wie wirkt sich eine typische Interaktion mit dieser Person auf Ihre Leistungsfähigkeit aus?« Wie sich zeigte, war einer der wichtigsten Faktoren für die Leistungsbewertung der Umstand, ob jemand als »Energizer« wahrgenommen wurde, sprich als jemand, der andere motiviert und unterstützt. Insbesondere die Strategieberater neigten dazu, die »Krafträuber« in ihren Reihen zu isolieren. Mit anderen Worten, wer durch sein Verhalten die Leistungsfähigkeit seiner Kollegen schwächt, schadet damit möglicherweise seiner eigenen Karriere.

Arschlöcher leiden auch, weil sie, selbst wenn sie nach allen anderen Maßstäben gute Arbeit leisten, häufiger gefeuert werden. Die hochrangige Regierungsbeamtin, die dem Wissenschaftler am Supreme Court und seinen Kollegen das Leben so zur Hölle gemacht hatte, »wurde in den Ruhestand getreten«. Auch Bobby Knight, der cholerische Cheftrainer des Basketballteams Indiana Hoosiers, wurde ungeachtet einer grandiosen Erfolgsbilanz und seiner zahlreichen Fans schließlich vor die Tür gesetzt, nachdem er einmal zu oft die Beherrschung verloren hatte. Natürlich bringt es manchmal Vorteile, sich wie ein Arschloch aufzuführen – damit werde ich mich in Kapitel 6 befassen. Generell aber gilt, dass jemand, der sich wie ein unsensibler Widerling aufführt, seine Performance eher schwächt als verbessert und obendrein noch seinen Ruf ruiniert. Das zeigt sich vor allem daran, dass Arschlöcher *trotz* und *nicht wegen* ihres widerlichen Wesens Erfolg haben.

Werden Arschlöcher »geoutet«, droht ihnen zudem eine schwere Demütigung. Nachdem Linda Wachner 2001 als CEO des von Finanzproblemen geplagten Konzerns Warnaco gefeuert worden war, druckte die *New York Times* einen langen Artikel ab, der genüsslich die vielen Gemeinheiten auflistete, die sie den Leuten, die ihren Weg gekreuzt hatten, angetan haben soll, und ich vermute, dass sie sich sehr getroffen und bloßgestellt gefühlt hat. Neben dem Vorwurf, sie habe gewohnheitsmäßig ethnische und rassistische Beleidigungen ausgestoßen, zitierte die *New York Times* ihren Geschäftspartner Calvin Klein, der behauptete, dass »sie unsere Leute misshandelt und sich einer abscheulichen Sprache bedient« habe. Eine »beliebte Methode« Wachners sei es gewesen, sagten mehrere ihrer früheren Untergebenen, spätabends in Ungnade gefallene Mitarbeiter anzurufen und sie für den nächsten Tag zu einem sehr frühen Meeting ins Büro zu bestellen, nur um sie dann »stundenlang und in manchen Fällen den ganzen Tag über im Vorzimmer warten zu lassen«. Solche Geschichten über sich selbst in einer der größten Tageszeitungen der Welt zu lesen, muss selbst einem amtlichen Arschloch ziemlich wehtun.

Dieses Schicksal droht auch gewöhnlichen Arschlöchern, nicht nur den reichen und berühmten, wie der Fall eines Anwalts namens Richard Phillips belegt, der für Baker & McKenzie in London tätig war. Über Wochen hinweg verfolgte Phillips eine Sekretärin namens Jenny Amner mit der Forderung, ihm vier Pfund für die Reinigung einer Hose zu zahlen, die sie unabsichtlich mit einem Ketchupfleck verunstaltet hatte. In einer E-Mail – der gesamte diesbezügliche Schriftverkehr wurde im Internet verbreitet – schrieb Amner an Phillips: »Ich muss mich dafür entschuldigen, Ihnen nicht sofort geantwortet zu haben, aber aufgrund der plötzlichen Erkrankung meiner Mutter, die kurz darauf verstarb, und der folgenden Beerdigung war ich mit dringenderen Dingen als Ihren vier Pfund beschäftigt. Ich möchte mich nochmals dafür entschuldigen, versehentlich ein paar Ketchupspritzer auf Ihrer Hose hinterlassen zu haben. Ganz offenkundig leiden Sie als leitender Partner unter größeren finanziellen Nöten als ich einfache Sekretärin.«

»Wir sind«, gestand die Kanzlei Baker & McKenzie ein, »über den Vorfall und den nachfolgenden E-Mail-Austausch im Bilde. Hierbei handelt es sich um eine private Angelegenheit zwischen zwei unserer Mitarbeiter, die ganz offenkundig außer Kontrolle geraten ist. Wir befassen uns mit der Auseinandersetzung und sind bestrebt, sie möglichst einvernehmlich beizulegen.« Kurze Zeit später trat Phillips aus der Kanzlei aus. Während der *Daily Telegraph* meldete, »die öffentliche Erniedrigung« habe Phillips schwer getroffen und zu diesem Schritt bewogen, beharrte ein Sprecher der Anwaltskanzlei darauf, Phillips habe seinen Rückzug bereits vor Bekanntwerden des Vorfalls angekündigt.

Beeinträchtigung der organisatorischen Performance

Der Schaden, den Arschlöcher an ihrem Arbeitsplatz anrichten, schlägt sich nieder in den Kosten eines häufigeren Personalwechsels, eines höheren Krankenstands, in einer geringeren Arbeitsloyalität und der Ablenkung und beeinträchtigten individuellen Leistungsfähigkeit, die von so vielen Studien über psychische Misshandlung, Mobbing und Tyrannei am Arbeitsplatz dokumentiert werden. Die Auswirkungen auf den Personalwechsel sind besonders offenkundig und gut belegt. Auch wenn ich keinerlei Mitgefühl für Hollywood-Produzent Scott Rudin hege: die 119 Assistenten (beziehungsweise 250, wenn man eher dem *Wall Street Journal* Glauben schenkt), die er im Zeitraum von 2000 bis 2005 verschliss, einzustellen und wieder loszuwerden muss ihn einen Haufen Geld – und Zeit – gekostet haben. Und während Warnacos Chefjurist behauptete, die Personalfluktuation unter Linda Wachners Regentschaft habe sich »im Rahmen« des Branchendurch-

schnitts bewegt, sagten führende Personalagenturen, sie
sei in der Zeit die höchste in der Branche gewesen. »Neben anderen Dingen war es«, meinten Warnaco-Insider in
der *New York Times*, »ihre persönliche Kritik an Mitarbeitern, die für die hohe Mitarbeiterfluktuation verantwortlich war und dem Unternehmen die Talente kostete,
auf die es zur Aufrechterhaltung leistungsfähiger Ge-
schäftsbereiche angewiesen war«. Unter Wachners Führung verschliss Warnaco »drei Finanzchefs in fünf Jahren
im Unternehmensbereich Authentic Fitness, bei Calvin
Klein Kids fünf Geschäftsführer in drei Jahren und bei
Warnaco Intimate Apparel drei Chefs in vier Jahren«.

Die Frage, ob es gegen das Gesetz verstößt, ein »politisch korrektes Arschloch« zu sein, das Mitarbeiter am
Arbeitsplatz ungeachtet ihres Geschlechts, ihrer Rassen-
zugehörigkeit oder ihrer religiösen Überzeugungen erniedrigt und demütigt, ist in vielen Ländern, darunter den
Vereinigten Staaten, noch nicht geklärt. Klar ist aber, dass
Unternehmen, die Arschlöcher gewähren lassen, unabhängig von zukünftigen Gerichtsentscheidungen höhere Rechtskosten riskieren – aus dem einfachen Grund,
dass sich die Vorwürfe von Opfern sexueller Belästigun-
gen oder diskriminierenden Verhaltens in einer von offener Feindseligkeit geprägten Umgebung eher beweisen
lassen. In einem Aufsatz für die Anwaltskammer des Bun-
desstaats Washington stellte Paul Buchanan, Anwalt bei
Stoel Rives LPP, die Frage, ob es »gegen das Gesetz ist,
ein Kotzbrocken zu sein«. Er kam zu dem Schluss, dass
dem nicht so ist, zumindest noch nicht. Doch Buchanan
warnte auch: »Während ein tatsächlich nicht diskrimini-
render Fiesling für gewöhnlich gegen kein Gesetz verstößt, könnte dem Arbeitgeber der Beweis schwer fallen
und überaus unangenehm sein, dass der betreffende Mitarbeiter seine Gemeinheiten ohne Ansehen der Person
austeilt. Arbeitgeber, die es versäumen, Rohlinge, Mob-

ber, Vorgesetzte, die ihre Macht missbrauchen, oder auch
nur Mitarbeiter, denen es an grundlegenden zwischenmenschlichen Fähigkeiten mangelt, energisch zu disziplinieren und auszusondern (oder zumindest zu schulen und
zu mäßigen), laufen Gefahr, in kostspielige und schwierige Arbeitsklagen hineingezogen zu werden, sollten un-
zufriedene Mitarbeiter missbräuchlichen Verhaltensweisen eine gesetzeswidrige Motivation unterstellen.«

Außerhalb der USA mehren sich die Zeichen, dass
Richter und Geschworene härter gegen politisch korrekte
Arschlöcher vorgehen. Insbesondere in Großbritannien
neigen Gerichte zunehmend dazu, Strafen gegen Unternehmen zu verhängen, die nichts gegen Mobbing am Arbeitsplatz unternehmen, so zum Beispiel in einem Fall aus
dem Jahr 2001, bei dem Mercury Mobile Communications
sich in einem Vergleich zur Zahlung von 370 000 Pfund
(rund 540 000 Euro) verpflichtete. Das Telekommunika-
tionsunternehmen hatte zugelassen, dass der Manager Si-
mon Stone einen von »offenen Misshandlungen und falschen Anschuldigungen durchzogenen Rachefeldzug«
gegen Jeffrey Long führte, einen Manager aus dem Einkauf, der sich bei der Unternehmensleitung über Stones
mangelnde Führungseignung beschwert hatte. Infolge der
Belastung entwickelte Long ein körperliches Leiden und
ging seine Ehe in die Brüche. Am Ende akzeptierte Mercury vor dem Gericht nicht nur seine Haftbarkeit, sondern stimmte auch der Entschädigungszahlung zu.

Es gibt noch andere heimtückische, wenn auch subti-
lere Verhaltensweisen, mit denen Mobber und Widerlinge
die Leistungsfähigkeit beeinträchtigen. Ein Kennzeichen
für Teams und Organisationen, die von Arschlöchern ge-
leitet werden oder in denen es von solchen Typen wimmelt, ist eine von Angst, Hass und Rachegefühlen geprägte Stimmung. In Organisationen, die auf Angst
basieren, sind Mitarbeiter beständig auf der Hut und

ebenso beständig darum bemüht, Rügen und Erniedrigungen aus dem Weg zu gehen – und selbst wenn sie wissen, wie sie ihrer Organisation helfen können, haben sie
oft Angst, es zu tun. Nehmen wir nur die in der *California Management Review* abgedruckte Studie über die US-
Luftfahrtindustrie von Jody Hoffer Gittell, bei der mir
insbesondere der Teil ins Auge sprang, wie bei American
Airlines in den 1990er Jahren mit verspäteten Flügen und
anderen Performanceproblemen umgegangen wurde. Die
Angst vor dem damaligen CEO Robert Crandall brachte
die Mitarbeiter, so erzählten sie Gittell, dazu, mit dem Finger aufeinander zu zeigen, statt zu versuchen, die Probleme zu beheben. Crandall verteidigte seinen Ansatz mit
den Worten: »Das Letzte, was die meisten von ihnen wollen, ist, im Rampenlicht zu stehen. Ich habe nur die Anforderungen erhöht, die sie erfüllen müssen, um nicht ins
Rampenlicht zu geraten.« Obwohl einige Insider Crandall für seine Fähigkeit bewunderten, die »Grundursa-
che« der Verspätungen ans Tageslicht zu bringen, war
sein aggressiver Ansatz nach Gittells Erkenntnissen kon-
traproduktiv, da viele Mitarbeiter Crandalls Zorn so sehr
fürchteten, dass sie ihre Energie darauf verwendeten, sich
selbst zu schützen, statt darauf, dem Unternehmen zu
helfen. Gab es eine Verspätung, dann, so erzählte ein Au-
ßendienstmanager, »wollte Crandall die Leiche serviert
bekommen ... Das war Management durch Einschüchterung.« Die Mitarbeiter konzentrierten sich vor allem
darauf, »Schuldzuweisungen« zu vermeiden, statt auf
»Pünktlichkeit, korrekte Gepäckabfertigung und Kun-
denzufriedenheit«.

Einen ähnlichen Zusammenhang offenbarte eine Studie von Amy Edmondson über Krankenpflegekräfte mit
einschüchternden Vorgesetzten und nicht kooperations-
bereiten Kollegen (oder, wie ich dazu sagen würde, ausgemachten Arschlöchern). Edmondson führte eine, wie sie

annahm, simple Untersuchung in acht Krankenpflege-
stationen zu der Frage durch, wie sich die Qualität der Beziehung zu Vorgesetzten und Kollegen auf die Anzahl fal-
scher Medikamentenvergaben auswirkte, wobei sie davon
ausging, dass umso weniger Fehler gemacht wurden, je
besser das Verhältnis zu den Vorgesetzten und die Unterstützung durch die Kollegen waren.

Edmondson und die Ärzte von der Harvard Medical
School, die die Studie finanzierten, waren sehr erstaunt, als
sich zunächst zeigte, dass auf den Stationen mit der besten
Leitung und einem Höchstmaß an kollegialer Unterstützung die meisten Fehler vorkamen: *zehn Mal so viele wie
auf den Stationen mit den schlechtesten Vorgesetzten.* Erst
als Edmondson alle Puzzleteile zusammengefügt hatte,
ging ihr auf, dass die Schwestern und Krankenpfleger auf
den »guten« Stationen einfach weit mehr Fehler einräum-
ten, weil sie keine Angst hatten, es zu tun. »Fehler sind
unvermeidlich, und es ist normal, sie zu berichten«, sagten sie, und »da Fehler aufgrund der Toxizität der Medi-
kamente ernsthafte Folgen haben können, muss man sich
nicht fürchten, sie der Stationsleitung zu melden.«

Ganz anders die Situation auf den Stationen, auf denen
kaum Fehler gemeldet wurden. Die Angst grassierte und
die Krankenschwestern sagten Dinge wie: »Die Arbeitsumgebung ist gnadenlos, Köpfe werden rollen«, »Sie dro-
hen einem mit dem Gericht« und dass der Stationsleiter
einen »wie einen Verbrecher oder einen Zweijährigen behandelt, wenn man mal einen Fehler macht«. Wenn die
Angst ihr hässliches Gesicht erhebt, dann, so stellte der
Guru in Sachen Unternehmensqualität, W. Edwards
Deming, schon vor langer Zeit fest, konzentrieren sich
die Leute darauf, sich selbst zu schützen, nicht darauf,
ihre Organisation zu verbessern. Wie Edmondsons Studie belegt, passiert das sogar dort, wo das Leben von Menschen auf dem Spiel steht.

Die Hassgefühle und die Frustration, die Arschlöcher provozieren, kommen Unternehmen über die höhere Mitarbeiterfluktuation hinaus auch auf andere Weise teuer zu stehen. Wie Bennett Teppers Untersuchungen belegen, vermindern mobbende Vorgesetzte die Loyalität gegenüber der Organisation. Laut anderen Studien sind Mitarbeiter, die sich schlecht behandelt fühlen und mit ihrer Arbeit unzufrieden sind, kaum bereit, im Interesse des Unternehmens zusätzliche Arbeit zu leisten, sprich »freiwilligen Mehreinsatz« zu bringen. Fühlen sie sich dagegen unterstützt und zufrieden, sieht die Sache ganz anders aus.

In den späten 1970er Jahren demonstrierte der Arbeitspsychologe Frank J. Smith in einer Studie, an der 3 000 Mitarbeiter des Sears-Hauptquartiers in Chicago teilnahmen, wie massiv sich Arbeitseinstellungen auf die Bereitschaft zu freiwilligem Engagement für das Unternehmen auswirken. Smith konnte keinerlei Zusammenhang zwischen den Fehlzeiten von Arbeitnehmern und ihrer Arbeitseinstellung feststellen, bis Chicago eines Tages von einem Schneesturm heimgesucht wurde. Unter den Mitarbeitern, denen der Schneesturm eine glaubwürdige Ausrede bot, nicht zur Arbeit zu erscheinen, und die trotz der widrigen Bedingungen kamen, lag der Anteil derer, die mit ihren Vorgesetzten und generell mit ihrer Arbeit zufrieden waren, deutlich höher als der der Mitarbeiter, die eher unzufrieden waren. Die Anwesenheitsrate in den 27 von Smith beobachteten Mitarbeitergruppen schwankte zwischen 37 und 97 Prozent und betrug im Durchschnitt 70 gegenüber normalerweise 96 Prozent. Ob Mitarbeiter in einer Gruppe mit ihren Vorgesetzten zufrieden waren oder ob nicht, war der bei weitem aussagekräftigste Prädiktor der Anwesenheitsrate am Tag des Schneesturms. Ich halte das für absolut nachvollziehbar. Wenn ich mich in der unglücklichen Situation befinde, für oder mit einem Haufen Arschlöcher arbeiten zu müssen, dann reiße ich mir vor lauter

Hilfsbereitschaft bestimmt kein Bein aus. Wenn ich aber meine Vorgesetzten und meine Kollegen respektiere und schätze, werde ich für sie bis zum Äußersten gehen.

Offensichtlich neigen Mitarbeiter, die für kaltherzige und gemeine Idioten arbeiten, auch häufiger dazu, zum Ausgleich ihren Arbeitgeber zu bestehlen. Zumindest legt das eine Studie von Jerald Greenberg nahe, der drei zum selben Konzern gehörende und nahezu identische Fertigungsbetriebe im Mittleren Westen untersuchte. Zwei der (von der Konzernführung zufällig ausgewählten) drei Betriebe verhängten eine zehnwöchige Lohnreduzierung, nachdem das Mutterunternehmen einen großen Auftrag verloren hatte. In der einen Fabrik gab ein Manager die Lohnkürzungen in einer sehr knappen und unpersönlichen Ansprache bekannt, die er mit den folgenden Worten schloss: »Ich werde ein oder zwei Fragen beantworten, aber dann muss ich meinen Flug zu einem anderen Meeting erwischen.« Der Manager, der in der anderen betroffenen Fabrik vor die Belegschaft trat, begründete die Kürzungen nicht nur ausführlich und voller Mitgefühl, er entschuldigte sich sogar mehrfach und auf glaubwürdige Weise für die Kürzungen und betonte, wie sehr ihm das Ganze Leid täte. Anschließend blieb er noch eine volle Stunde, um die Fragen der Mitarbeiter zu beantworten. Später stellte Greenberg erstaunliche Differenzen in der Diebstahlquote in den beiden Firmen fest. In dem Betrieb, in dem keine Lohnkürzungen vorgenommen wurden, verharrte die Diebstahlquote unter den Mitarbeitern bei stabilen vier Prozent. In der Fabrik, in der die Löhne gekürzt und diese Maßnahme ausführlich und verständnisvoll begründet worden waren, stieg die Diebstahlquote auf sechs Prozent. In derjenigen dagegen, in der die Kürzungen kalt und knapp mitgeteilt worden waren, schnellte sie auf nahezu zehn Prozent in die Höhe.

Nach der Rücknahme der Lohnkürzungen kehrte die

Diebstahlquote in beiden Fabriken auf das langjährige Niveau von rund vier Prozent zurück. In beiden Fällen, so Greenberg, stahlen die Mitarbeiter mehr, um die Lohnkürzungen wettzumachen. Dass sie in der einen Firma weit mehr mitgehen ließen, lag daran, dass sie sich an dem Manager rächen wollten, der sie kurz und herzlos abgefertigt hatte und »zu beschäftigt« war, um ihnen eine Erklärung zu geben.

Wir alle wissen, dass man nicht stehlen soll – und dass viele Leute trotzdem stehlen. Menschen, die der Überzeugung sind, für unsensible Schweinehunde zu arbeiten, finden, darauf deuten neben Greenbergs Studie zahlreiche kontrollierte Experimente hin, Mittel und Wege, sich dafür zu rächen, und Diebstahl ist einer davon. Rache ist nicht schön, aber sie ist eine der Reaktionen, zu denen Arschlöcher ihre Opfer treiben.

Außerdem: Wenn das Wort die Runde macht, dass in Ihrer Organisation übel meinende Widerlinge das Sagen haben, dann kann diese Rufschädigung potenzielle Mitarbeiter abschrecken und das Vertrauen der Investoren untergraben. Neal Patterson, CEO der Cerner Corporation, eines Anbieters von medizinischer Software, lernte diese Lektion, als er in Form einer E-Mail eine »Kampfansage« verschickte, die eigentlich nur für die 400 Topleute in der Firma gedacht war. Laut der *New York Times* monierte Patterson in der E-Mail, dass kaum ein Angestellter volle 40 Stunden pro Woche arbeite und dass »Sie als Manager entweder nicht wissen, was Ihre *Mitarbeiter* tun – oder dass Ihnen das *egal* ist«. Er wolle, schrieb Patterson, dass der Mitarbeiterparkplatz zwischen 7.30 und 18.30 Uhr »gut gefüllt« und »an Samstagen halb voll« sei, und wenn nicht, dann würde er hart durchgreifen, möglicherweise bis hin zu Entlassungen und Einstellungsstopps. »Sie haben«, warnte Patterson, »zwei Wochen. Tick, tack.«

Pattersons E-Mail, die durch ein Leck ins Internet gelangte, stieß auf harsche Kritik, unter anderem von meinem Stanford-Kollegen Jeff Pfeffer, der sie als »das unternehmerische Äquivalent von Peitschen, Fesseln und Ketten« bezeichnete und damit für meinen Geschmack etwas über das Ziel hinausschoss. Doch auch die Investoren waren wenig angetan, und binnen drei Tagen stürzte der Kurs der Aktie um 22 Prozent ab. Patterson verstand die Botschaft und reagierte gut. Er entschuldigte sich bei seinen Mitarbeitern und sagte, er wünschte, er hätte die E-Mail niemals geschrieben. Prompt erholte sich der Aktienkurs. Wenn CEOs als Mobber gesehen werden, dann, so hatte Patterson auf die harte Tour lernen müssen, riskieren sie damit, nicht nur ihre Mitarbeiter zu verprellen, sondern auch ihre Investoren.

Zum guten Schluss:
Achten Sie auf die »Arschloch-Gesamtkosten« in Ihrer Organisation

Unternehmen würden, schrieb ein Leser der *Harvard Business Review* an mich, die Regel viel eher umsetzen, würden sie sich einmal die Mühe machen, ihre »AGKs« zu kalkulieren, soll heißen ihre Arschloch-Gesamtkosten. »Würde man«, schrieb er, »die Kosten für die Organisation im Hinblick auf die Personalfluktuation, die Personalanwerbung, verlorene Kunden und die auf unnötige Dinge verschwendete Arbeitszeit und -energie kalkulieren, könnte das zu einer Reihe aufschlussreicher Erkenntnisse führen.«

Die exakten AGKs für ein Unternehmen zu errechnen ist ein Ding der Unmöglichkeit; dazu spielen zu viele und vor allem ungewisse Faktoren eine Rolle. So wäre es utopisch, genau angeben zu wollen, wie viele Stunden Manager auf das Arschlochmanagement verwenden, oder die

von den Arschlöchern in einem Unternehmen zu er-
wartenden künftigen juristischen Kosten abzuschätzen.
Dennoch stellt die Kalkulation der AGKs eine für jede
Organisation lohnenswerte Übung dar und verleiht ihr
zumindest eine grobe Ahnung davon, wie viel ihre Mobber und Bastarde sie kosten. Als ich zu dem Thema re-
cherchierte und mit erfahrenen Managern und Anwälten
darüber sprach, war ich erstaunt und erschrocken darüber, wie hoch diese Kosten sind und in wie vielen Bereichen sie anfallen. Auf Seite 43 finden Sie eine Aufstellung
der Kosten, die von den in diesem Kapitel angesproche-
nen und einer Reihe weiterer Faktoren verursacht werden,
auf die ich noch nicht eingegangen bin. Um zu einer gro-
ben Schätzung der AGKs für Ihr Unternehmen zu gelangen, nehmen Sie meine lange (aber bei weitem nicht
vollständige) Liste möglicher Kosten und erstellen Sie für
die einzelnen Posten Ihre bestmöglichen Schätzungen
und fügen Sie eventuelle zusätzliche Faktoren hinzu.

So ungenau solche Kostenschätzungen sein mögen:
Die Übung kann Ihnen helfen, sich des Schadens bewusst
zu werden, den temporäre und amtliche Arschlöcher Ihrem Unternehmen zufügen. Das wiederum hilft, Sie und
andere davon zu überzeugen, gegen dieses Problem vor-
zugehen, statt es zu tolerieren oder nur darüber zu reden,
ohne aktiv eine Lösung anzustreben. Und es hilft auch,
Sie selbst davon zu überzeugen, andere nicht länger zu
demütigen beziehungsweise – für den Fall, dass Sie diesen
Drang nicht unterdrücken können – um Hilfe nachzusu-
chen, da Sie nicht nur anderen Menschen das Leben zur
Hölle machen, sondern ebenso sich selbst. Noch aus
einem weiteren Grund kann es hilfreich sein, den von
Arschlöchern angerichteten Schaden monetär zu bewerten. So überzeugend Ihre Gegenargumente und so lang
Ihre Liste der möglichen Nachteile auch sind, in unserer
rationalen und von Zahlen dominierten Geschäftswelt

sind es häufig Leute aus der Buchhaltung, der Finanzabteilung oder mit einem anderen quantitativen Hintergrund, die das Sagen haben. Und solche Leute ziehen es im Allgemeinen vor, Entscheidungen auf der Grundlage von schlechten (selbst nutzlosen) finanziellen als gar keinen Schätzwerten zu treffen. Insofern ist es ratsam, sich in ihrer Sprache an sie zu wenden, gleichgültig, wie ungenau die Zahlen sein mögen.

Wie man zu solchen Kostenschätzungen gelangt, haben Charlotte Rayner und Loraleigh Keashly vorexerziert, wobei sie auf der Grundlage mehrerer britischer Mobbingstudien von einer »durchschnittlichen« Mobbingquote in Großbritannien von 15 Prozent ausgehen und davon, dass 25 Prozent der Mobbingopfer ihren Job hinschmeißen. Überträgt man diese Zahlen auf ein Unternehmen mit 1 000 Mitarbeitern und veranschlagt die Kosten für die Neubesetzung eines Arbeitsplatzes mit 20 000 Dollar, kommt man auf jährliche Gesamtkosten in Höhe von 750 000 Dollar. Geht man weiter davon aus, dass auf jedes Mobbingopfer zwei Augenzeugen kommen und davon wiederum 20 Prozent ihren Arbeitsplatz wechseln, erhöht sich der Gesamtbetrag um weitere 1,2 Millionen auf knapp zwei Millionen Dollar – Kosten, die, wie Rayner und Keashly anmerken, in keiner Bilanz auftauchen.

Da jedoch die Mobbingquote von Organisation zu Organisation stark variiert, lohnt es sich, einen Blick auf die von einem konkreten Unternehmen geschätzten AGKs zu werfen. Der Spitzenmanager eines Unternehmens im Silicon Valley, dem ich das Arschloch-Gesamtkosten-Konzept vorstellte, antwortete mir: »Es ist mehr als nur ein Konzept. Wir haben diese Kosten gerade für einen unserer Mitarbeiter berechnet.« Dieser Mitarbeiter ist einer der erfolgreichsten und höchst bezahlten Verkäufer des Unternehmens – und ein ausgemachtes Arschloch: Ethan, wie wir ihn hier nennen, ist berühmt für seine

Wutanfälle, behandelt seine Kollegen als Rivalen, beschimpft und demütigt sie am laufenden Band und verschickt spätnachts serienweise erniedrigende E-Mails. So gesehen überrascht es wenig, dass fast niemand mit ihm zusammenarbeiten möchte und seine letzte Assistentin es nicht einmal ein Jahr bei ihm aushielt. Da nach ihrem Abgang keine andere Sekretärin im Unternehmen für Ethan arbeiten wollte, war das Unternehmen gezwungen, die Stelle extern auszuschreiben. Doch jemanden zu finden, der auch nur den Hauch einer Chance hatte, unter Ethan zu bestehen, war eine gewaltige Aufgabe. Mittlerweile musste die Personalabteilung und zuzeiten sogar die Geschäftsführung bereits viel Zeit und Energie darauf verwenden, die von Ethans Verhalten aufgeworfenen Wogen wieder zu glätten. Nicht nur hatten in den vorangegangenen fünf Jahren etliche von Ethans Sekretärinnen und Kollegen mehrere offizielle Beschwerden wegen Mobbing gegen ihn vorgebracht, das Unternehmen hatte zudem eine beträchtliche Summe auf Wutmanagement-Seminare und Beratungen für Ethan verwendet.

Schließlich beschloss die Unternehmensführung, dass es über die Warnungen und Seminare für Ethan hinaus an der Zeit war, die bislang entstandenen Kosten für sein mieses Verhalten zu kalkulieren und ihm die Summe von seinem Bonus abzuziehen. Woche für Woche berechneten sie, was sie Ethans rücksichtsloses und gehässiges Verhalten im Vergleich zu dem seiner umgänglicheren Verkaufskollegen zusätzlich kostete. Und kamen zu dem Ergebnis, dass sich die Kosten für das Vorjahr – die Zeit und das Geld, das im Zusammenhang mit Ethans Verhalten anderen gegenüber investiert worden war – auf rund 160 000 Dollar beliefen. 160 000 Dollar! Eine gewaltige Summe, insbesondere wenn man bedenkt, für wie viel Leid und Kummer sie steht, für wie viel von talentierten Menschen verschwendete Zeit. Und dabei spiegelt dieser

Betrag nahezu sicher nicht einmal den gesamten finanziellen Schaden wider, da in ihm weder die physischen und psychischen Auswirkungen auf Ethans Opfer und die Zeugen seiner Taten enthalten sind noch die negativen Folgen der Angst, des Hasses und der dysfunktionalen Konkurrenz, die er durch sein Verhalten provozierte. Aufgegliedert nach den einzelnen Posten präsentierten sich die geschätzten Kosten folgendermaßen:

■ Von Ethans direktem Vorgesetzten aufgewendete Zeit: 250 Stunden	25 000 Dollar
■ Von der Personalabteilung aufgewendete Zeit: 50 Stunden	5 000 Dollar
■ Von Führungskräften aufgewendete Zeit: 15 Stunden	10 000 Dollar
■ Von externem Berater aufgewendete Zeit: zehn Stunden	5 000 Dollar
■ Kosten der Suche nach und Ausbildung von Ethans neuer Assistentin:	85 000 Dollar
■ Kosten der durch die von Ethan in letzter Minute gestellten Forderungen verursachten Überstunden:	25 000 Dollar
■ Wutmanagement-Seminare und -Beratung:	5 000 Dollar
Geschätzte Gesamtkosten des Arschlochs für ein Jahr:	160 000 Dollar

Ein Mitglied der Geschäftsführung und ein Personalmanager konfrontierten Ethan bei einem Meeting mit dieser Rechnung und eröffneten ihm, dass das Unternehmen 60 Prozent des Betrags Ethans diesjährigem Bonus abzie-

hen werde. Die Reaktion fiel nicht anders als zu erwarten
aus – Ethan tobte und gab die Schuld den Idioten, mit
denen er arbeitete und die nicht in der Lage seien, seine
Anforderungen und Erwartungen zu erfüllen, und drohte
schließlich damit, zu kündigen (was er aber nicht tat). Ich
applaudiere dem Unternehmen dafür, die Kosten von
Ethans Niedertracht kalkuliert, ihm die Rechnung präsentiert und darauf bestanden zu haben, dass er einen
Gutteil davon übernahm. Wenn es der Unternehmensführung aber ernst damit gewesen wäre, die Anti-Arschloch-Regel durchzusetzen, dann hätte sie Ethan schon vor
Jahren vor die Tür gesetzt. Und eben aus diesem Grund
geht es im nächsten Kapitel darum, wie man die Anti-
Arschloch-Regel implementiert, durchsetzt und am Leben erhält.

Die schlechte Nachricht lautet, dass solche Tyrannen
eine Organisation weitaus mehr kosten, als Geschäftslei-
tung und Investoren gemeinhin annehmen. Die gute Nachricht ist, dass Sie, wenn Sie und Ihr Unternehmen sich
entschlossen daranmachen, die Anti-Arschloch-Regel umzusetzen, viel Geld sparen und Ihren Mitarbeitern und deren Familien und Freunde einen *Haufen* Kummer ersparen können.

Wie hoch sind Ihre AGKs?
Faktoren, die Sie bei der Berechnung der
Arschloch-Gesamtkosten beachten müssen

Opfern und Zeugen zugefügter Schaden

- Ablenkung von der Arbeit – je mehr Zeit und Energie
  darauf verwendet wird, gehässige Interaktionen zu
  vermeiden, damit zurechtzukommen und Schuldzuweisungen vorzubeugen, umso weniger wird auf die
  Arbeit selbst verwendet.

- Die geringere »psychische Sicherheit« und das damit einhergehende Klima von Angst halten Mitarbeiter davon ab, eigene Vorschläge einzubringen, Risiken einzugehen, aus eigenen Fehlern und denen anderer zu lernen und sich offen auszutauschen.
- Geringere Arbeitsmotivation und -energie.
- Stressinduzierte psychische und physische Krankheiten.
- Opfer leiden möglicherweise unter verringerten geistigen Fähigkeiten.
- Permanentes Mobbing kann Opfer in Arschlöcher verwandeln.
- Höhere Abwesenheitsquote.
- Höhere Personalfluktuation aufgrund von Mobbing durch Vorgesetzte und Kollegen und mehr Arbeitszeit, die auf die Suche nach einer neuen Stelle verwendet wird.

Der Schaden, den sich amtliche Arschlöcher selbst zufügen

- Opfer und Zeugen sind weniger bereit, ihnen zu helfen, mit ihnen zu kooperieren und ihnen schlechte Nachrichten zu überbringen.
- Vergeltungsaktionen von Opfern und Zeugen.
- Unfähigkeit, ihr Potenzial in der Organisation zu erreichen.
- Erniedrigung im Fall der Bloßstellung.
- Verlust des Arbeitsplatzes.
- Langfristig schlechtere Karriereaussichten.

Negative Konsequenzen für die Unternehmensführung

- Zeitaufwand für die Zufriedenstellung, Beruhigung, Beratung oder Disziplinierung von Arschlöchern.

▓ Zeitaufwand für die Besänftigung von Mobbingopfern.

▓ Zeitaufwand für die Besänftigung betroffener Kunden, Vertragsnehmer, Lieferanten und anderer wichtiger Außenstehender.

▓ Zeitaufwand für die Reorganisation von Abteilungen und Teams, um den von Arschlöchern angerichteten Schaden zu minimieren.

▓ Zeitaufwand für Bewerbungsgespräche, Einstellung und Ausbildung von neuen Mitarbeitern als Ersatz für die Arschlöcher und Opfer, die gehen oder gekündigt werden.

▓ Management-»Burn-out« und damit einhergehend geringeres Engagement und höhere Stressbelastung.

Personal- und juristische Kosten

▓ Wutmanagement und andere Trainingsmaßnahmen zur Umerziehung von Arschlöchern.

▓ Kosten für interne und externe Rechtsberatung.

▓ Kosten für Vergleiche und von Opfern gewonnene Prozesse.

▓ Kosten für Vergleiche und von angeblichen Arschlöchern gewonnene Prozesse.

▓ Honorare für interne und externe Berater, Führungskräftetrainer und Therapeuten.

Wo Arschlöcher regieren: Negative Auswirkungen auf Organisationen

▓ Verbesserung bestehender Systeme wird behindert.

▓ Gebremste Innovation und Kreativität.

▓ Weniger Kooperation und Zusammenhalt.

▓ Weniger Bereitschaft zu freiwilligem Mehreinsatz.

▓ Dysfunktionale interne Konkurrenz.

- Kosten der Vergeltungsmaßnahmen vonseiten der Opfer gegenüber der Organisation.
- Reduzierte Kooperationsbereitschaft externer Organisationen und Individuen.
- Preisaufschläge externer Dienstleister – »Erschwerniszulage«.
- Probleme, die Besten und Intelligentesten anzuwerben.

3

Wie man die Anti-Arschloch-Regel implementiert, durchsetzt und am Leben erhält

Zwar wenden viele Unternehmen in der einen oder anderen Form die Anti-Arschloch-Regel an, doch manche setzen sie mit mehr Entschlossenheit durch als andere. In den meisten Organisationen werden Arschlöcher toleriert, aber *nur bis zu einem bestimmten Punkt.* Sprich, Leute können damit durchkommen, sich als durchschnittliche Arschlöcher aufzuführen, und sich damit möglicherweise sogar Ansehen und mehr Einkommen erwerben. Die Regel wird angewendet, aber nur auf absolute Arschlöcher, die bestraft und »umerzogen« beziehungsweise – wenn diese weniger drastischen Maßnahmen keine Erfolge zeitigen – gefeuert werden. Wo die imaginäre Grenze zwischen einem gewöhnlichen und einem absoluten Arschloch verläuft, hängt von den jeweiligen Eigenarten und Gebräuchen in einem Unternehmen ab. So kann es vorkommen, dass ein ausgewiesener Schweinehund zwar geschasst wird, nachdem er das Unternehmen ein Vermögen gekostet, Kollegen an den Rand des Wahnsinns getrieben, gewaltige PR-Probleme verursacht oder das Unternehmen massiven juristischen Risiken ausgesetzt hat – und gleichzeitig zahllose Durchschnittsarschlöcher weiter ungestraft ihr übles Handwerk betreiben.

Ein niedriger Standard galt ganz offensichtlich im Fall des in Kapitel 2 erwähnten Verkäufers. Die Geschäftsführung hatte nicht die Absicht, den widerwärtigen Starverkäufer zu feuern, hatte aber irgendwann die Nase voll von seinen unsäglichen Umtrieben und beschloss, die dadurch verursachten Kosten zu berechnen und ihm in Rechnung zu stellen. Dem Treiben der vielen anderen gewöhnlichen Arschlöcher sah die Geschäftsführung weiterhin tatenlos zu. Selbst Organisationen wie Sportteams, in denen arrogante Akteure zum Teil glorifiziert werden, können den Punkt erreichen, an dem Superstars, ob nun ein Trainer oder ein Spieler, so destruktiv sind, dass sie abgestraft und aus dem Team geschmissen werden.

Nehmen wir den Fall von Bob Knight, dem legendären Basketballtrainer an der University of Indiana. Universitätspräsident Myles Brand feuerte Knight im September 2000 nach einem Zwischenfall mit einem Studenten namens Kent Harvey. Harvey soll Knight, als sie sich auf dem Campus über den Weg liefen, »Hey Knight, was ist los?« zugerufen haben. Daraufhin, so der Student, habe Knight ihn grob am Arm gepackt und wegen seiner schlechten Manieren beschimpft. Knight sagte zwar, der Student übertreibe, doch Brand gab bekannt, den Trainer aufgrund von »wiederholt untragbarem Verhalten« zu kündigen, bezeichnete ihn als »unverbesserlich und feindselig« und meinte, Knight habe wiederholt bewiesen, dass er nicht bereit sei, innerhalb der von der Universität aufgestellten Richtlinien zu arbeiten. Bis zu Brands Schritt hatte die University of Indiana über Jahrzehnte hinweg Knights Mätzchen toleriert und ihn nicht einmal gefeuert, als er 1997 beim Training einen Spieler gewürgt hatte (eine Attacke, von der eine körnige Videoaufnahme existiert, die CNN/Sports Illustrated im März 2000 ausstrahlte). Erst unter Brand hatte die Universitätsverwaltung genug von dem Schaden, den Knight mit seinen Ausfällen Indianas Ruf zufügte, und gab ihm den Laufpass.

Noch nicht so lange her ist es, dass der Footballspieler Terrell Owens von den Philadelphia Eagles den Preis bezahlen musste für seine unerträgliche Arroganz (Terrell verglich sich unter anderem mit Jesus), seine abfälligen

Bemerkungen über Mitspieler (so warf er Quarterback Donovan McNabb öffentlich vor, er sei beim Superbowl »müde« gewesen und habe damit Philadelphia um den Titel gebracht) und seine (durch eine Prügelei mit Teamfunktionär Hugh Douglas belegte) offenkundige Unfähigkeit, sein Temperament zu zügeln. Ende 2005 beurlaubten die Eagles-Chefs Owens wegen »teamschädigenden Verhaltens« und stellten klar, dass sie ihn nicht zurückhaben wollten. Owens führte zu seiner Verteidigung an, er sei frustriert gewesen, weil er sich von seinen Mannschaftskollegen »nicht respektiert« gefühlt habe.

Leute wie Bob Knight und Terrell Owens können sich so lange so viel erlauben, weil zumindest wir Amerikaner Klischees wie »Zu gewinnen ist nicht das Wichtigste, es ist das Einzige« und »Der Zweite ist der erste Verlierer« anhängen. So kann es kaum überraschen, dass Bob Knight kurz nach seinem Rauswurf vom Basketballteam der Texas Tech University eingestellt wurde und Terrell Owens einen Vertrag über, wie es heißt, 25 Millionen Dollar inklusive eines Abschlussbonus von fünf Millionen Dollar bei den Dallas Cowboys unterschrieb. Kein Wunder, schließlich gilt, wie es ein Spitzenmanager und Risikokapitalist mir gegenüber ausdrückte, in den USA im Sport, im Geschäftsleben, in der Medizin und in den Wissenschaften die unausgesprochene Regel: »Je öfter du Recht hast und je öfter du gewinnst, umso mieser kannst du dich aufführen.« Fast überall, fuhr er fort, ist es ein Nachteil, ein Arschloch zu sein, werden Gehässigkeiten und Wutausbrüche als Charakterschwächen gewertet – aber toleriert, wenn man talentierter, klüger, schwerer zu ersetzen und mit einer höheren natürlichen Erfolgsquote als gewöhnliche Sterbliche gesegnet ist. »Außergewöhnlich talentiert« ist eine Allzweckrechtfertigung dafür, diese destruktiven Dreckskerle zu tolerieren, zu hätscheln und ihnen Honig ums Maul zu schmieren. Unsere Gesellschaft scheint sich auf den Grundsatz geeinigt zu haben: *Wer wirklich erfolgreich ist, kann es sich leisten, ein wirklich großes Arschloch zu sein.*

Es geht aber auch anders. Einige der erfolgreichsten Unternehmen, die ich kenne, verachten, bestrafen und verbannen ordinäre Widerlinge und zeigen null Toleranz gegenüber absoluten Arschlöchern. Getreu dem Firmenmotto »Don't be evil« – »Tu nichts Böses« – strebt Google laut Vize-Chefin des Bereichs Business Operations Shona Brown an, zu einem Unternehmen zu werden, *in dem es sich schlicht nicht lohnt, sich wie ein Arschloch zu verhalten.*

Natürlich gebe es, erzählte mir Shona, auch bei Google Mitarbeiter, auf die meine Definition eines Arschlochs zutreffe, aber das Unternehmen siebe solche Leute nach Möglichkeit schon bei der Einstellung aus und achte darauf, dass sich ein solches Verhalten negativ auf die Leistungsbewertungen auswirke und Kotzbrocken nicht in Führungspositionen befördert würden. Und was »absolute Arschlöcher« angehe (Shona verwendete einen weniger drastischen Ausdruck, meinte aber dasselbe), verfolge Google eine Null-Toleranz-Politik.

Manche Unternehmen legen die Regel noch enger aus. Ann Rhoades war mehrere Jahre Chefin des »People Department«, wie die Personabteilung bei Southwest Airlines heißt, und baute später als Leiterin die Personalabteilung von JetBlue Airways auf. In beiden Gesellschaften, so Ann zu mir, lohne es nicht nur nicht, ein amtliches Arschloch zu sein, wer sich so verhalte, komme damit nicht durch und könne »sich nirgendwo verstecken«. Im ersten Jahr, in dem JetBlue flog, war laut Rhoades der »Mangel an kultureller Anpassungsfähigkeit« und dabei insbesondere eine negative Einstellung gegenüber Kollegen, Kunden und dem Unternehmen der wichtigste leistungsbezogene Grund für Kündigungen. Auch Southwest betont seit jeher, dass man Mitarbeiter wegen »ihrer Haltung heuert und feuert«. Wie das funktioniert, beschrieb Herb Kelleher, Mitbegründer und ehemaliger CEO von Southwest, an einem konkreten Fall: »Ein Bewerber um eine Pilotenstelle war zu einer unserer Empfangsdamen überaus unfreundlich, daraufhin schickten wir ihn sofort wieder weg. Wer Leute auf eine solche Weise behandelt, ist nicht die Art Führungspersönlichkeit, die wir suchen.« Oder, wie Ann Rhoades es formulierte: »Wir tun unseren Mitarbeitern das nicht an, sie haben so etwas nicht verdient. Die Leute, die für uns arbeiten, müssen sich nicht misshandeln lassen.«

In Organisationen, die die Anti-Arschloch-Regel am nachdrücklichsten und wirksamsten durchsetzen, werden »Mitarbeiterperformance« und »Verhalten gegenüber anderen« nicht als zwei getrennte Dinge und Ausdrücke wie »talentierter Schweinehund«, »brillanter Bastard« oder »Arschloch und Superstar« als Oxymoron – in sich widersprüchlich – betrachtet. Temporäre Arschlöcher werden sofort zur Rechenschaft gezogen und ihnen wird schnell klar (oder klar gemacht), dass sie Mist gebaut haben, sich entschuldigen und mit ihrem Verhalten auseinandersetzen und es abstellen müssen – statt es zu verteidigen oder gar zu glorifizieren. Amtliche Arschlöcher können auf Dauer weder auf Toleranz noch auf Vergebung hoffen, sondern müssen sich ändern oder ihre Sachen packen. In den Organisationen, für die ich arbeiten möchte, gelten Leute selbst dann, wenn sie alles andere gut (von mir aus auch sehr gut) machen, aber gewohnheitsmäßig andere Leute herabwürdigen, als inkompetent.

Setzen Sie die Anti-Arschloch-Regel
konsequent durch
Machen Sie die Regel öffentlich – durch Worte
und insbesondere durch Taten

Die meisten Organisationen, vor allem große, haben
schriftliche Verhaltenskodexe, die sich wie zensierte Ver-
sionen der Anti-Arschloch-Regel lesen. Viele davon verstärken die Botschaft, indem sie sie an allen möglichen
Orten (zumeist zusammen mit anderen »Kernwerten«)
aushängen und sie bei Mitarbeiterschulungen propagie-
ren. Führungskräfte sprechen regelmäßig über die Vorteile eines respektvollen Umgangs miteinander. Manche Topmanager und Organisationen arbeiten sogar mit der
unzensierten Version der Regel.

Wie bereits in der Einführung erwähnt, haben meine
Kollegen und ich an unserer Fakultät an der Stanford University offen über die Regel diskutiert. Und auf meinen
Beitrag in der *Harvard Business Review* hin schrieben mir
gleich mehrere Führungskräfte, dass »die Regel« ein Kern-
stück ihres Führungsstils sei, wobei mir am besten gefiel,
was Roderick C. Hare, CEO von Mission Ridge Capital,
zu sagen hatte. »Den Großteil meiner beruflichen Karriere über habe ich jedem, der mir Gehör schenkte, gesagt,
dass ich mit praktisch jeder Art von Mensch zusammenarbeiten kann, ausgenommen einem Typus – Arschlöcher.
Und ich habe, um die Wahrheit zu sagen, schon immer
diesen Ausdruck benutzt. So sehr ich an Toleranz und
Fairness glaube, habe ich nie auch nur eine Sekunde
Schlaf darüber verloren, dass ich absolut intolerant gegenüber Leuten bin, die sich weigern, ihren Mitmenschen
Respekt zu erweisen.«

Einige Organisationen nehmen für sich in Anspruch,
die Regel zum Kernpunkt ihrer Unternehmenskultur gemacht zu haben. So ergab eine Umfrage des auf Anwälte

spezialisierten Internetanbieters Emplayernet.com, dass in der in Chicago ansässigen, international tätigen Kanzlei McDermott, Will & Emery eine bewährte Anti-Arschloch-Regel gilt, laut der »es Ihnen nicht erlaubt ist, Ihre Sekretärin oder Ihre Kollegen anzubrüllen«. Dabei handele es sich, wie ein Sprecher von McDermott betonte, zwar nur um eine informelle und keine offizielle Anweisung, gab aber zu, dass die Partner in der Kanzlei jahrelang darüber diskutiert hatten.

Auch in der kanadischen Produktionsgesellschaft Apple Box, die inzwischen nicht mehr existiert, galt »die Regel« in den zwölf Jahren, in denen die Firma einen erfolgreichen Fernsehspot nach dem anderen produzierte, als wichtigstes Arbeitsprinzip. »Intern und extern«, erklärte der damalige Apple-Box-Chefproduzent J. J. Lyons gegenüber einem Branchenmagazin, »ziehen wir es vor, uns mit netten Leuten zu umgeben. Wir haben hier«, fuhr er fort, »eine Regel, eine Art Motto, etwas, das wir die ›Anti-Arschloch-Regel‹ nennen. Wenn du ein Arschloch-Regisseur oder ein Arschloch-Produzent bist, dann wollen wir mit dir nichts zu tun haben.« Sein Grund? »Das Leben ist zu kurz.« Dazu kann ich nur amen sagen.

Die meisten Organisationen fassen die Regel in zivilere Worte. Die Wirtschaftsprüfungs- und Beratungsgesellschaft Plante and Moran, vom *Fortune Magazine* 2006 auf Platz zwölf ihrer Liste der »100 besten Arbeitgeber« geführt, verfolgt das Ziel »einer ›idiotenfreien‹ Belegschaft« und »fordert alle Mitarbeiter auf, gemäß der Goldenen Regel zu leben«. Bei der Investmentbank Barclays Capital, betont der leitende Geschäftsführer Rich Ricci, folge man insbesondere bei der Auswahl von Führungskräften »einer ›Keine-Idioten-Regel‹«, was laut *BusinessWeek* bedeutet, dass selbst »Überflieger, die ihre Kollegen schlecht behandeln, aufgefordert werden, ihr Verhalten zu ändern oder ihre Sachen zu packen«. Bei dem Halbleiterhersteller

Xilinx lautet die Devise, »Mitarbeiter sollen sich respektieren und unterstützen, selbst wenn sie einander nicht ausstehen können«.

Men's Wearhouse, der erfolgreichste Einzelhändler von Herrenmode in den Vereinigten Staaten, hat die eindrucksvollste und detaillierteste Unternehmensphilosophie in Sachen Mobbing, die mir bisher untergekommen ist. »Jeder verdient eine faire Behandlung«, lautet einer der Kernwerte des Unternehmens. »Sollten Vorgesetzte das Problem sein, bitten wir die Betroffenen, sich an ihre Vorgesetzten oder an einen höherrangigen Mitarbeiter zu wenden – ohne Angst vor Vergeltung haben zu müssen.« Oder: »Das Auftreten im Ladengeschäft und die Kenntnisse über die Produkte sind natürlich von zentraler Bedeutung. Für das Wohlgefühl und die Zufriedenheit des Kunden beim Einkauf ist jedoch etwas anderes entscheidend: Unser Verkaufsteam *muss* sich im Aufbau einer Beziehung zum Kunden emotional stark und authentisch fühlen.« Vor allem aber und am direktesten auf die Anti-Arschloch-Regel Bezug nehmend: »Ohne Ansehen der Position reagieren wir sofort, sollte ein Mitarbeiter einen anderen herabwürdigen. Auf diese Weise zeigen wir, dass wir jeden Einzelnen wichtig nehmen.«

So lobenswert solche Äußerungen sind: sie nur an Aushängen oder auf einer Website zu deklarieren ist – für sich genommen – nutzlos. Werden diese Werte dann auch noch laufend verletzt und wird nichts zu ihrer Durchsetzung unternommen, dann sind solche Phrasen mehr als nur nutzlos – wie Jeff Pfeffer und ich während unserer Recherchen für *The Knowing-Doing Gap* erkannten (deutsche Ausgabe: *Wie aus Wissen Taten werden.* Frankfurt 2001). In diesem Buch gingen wir der Frage nach, warum Führungskräfte und Unternehmen so oft kluge Dinge sagen, ohne danach zu handeln, und wie man diesen verbreiteten Missstand überwinden kann. Wie sich dieses

Handlungshindernis, von uns als »Schöne-Worte-Falle«
bezeichnet, auswirkt, hat eine Gruppe von Studenten anhand einer Fallstudie einer bekannten Wertpapiergesell-
schaft demonstriert, deren Geschäftsführung unablässig
über drei Kernwerte sprach und diese überall aushängen
ließ: Respekt für das Individuum, Teamwork und In-
tegrität.

Dennoch begegnete, wie die Fallstudie ergab, das Unternehmen seinen als »Analysten« bezeichneten jungen
Mitarbeitern mit Respektlosigkeit und Misstrauen und
fügte sich damit auf lange Sicht selbst Schaden zu. Die
Firma rekrutierte ihre Analysten aus den Reihen der besten Undergraduate-Studenten von den besten Universi-
täten, die ein paar Jahre für das Unternehmen arbeiteten,
bevor sie wieder an die Universität gingen, um ihren
MBA zu machen. Wegen der schlechten Behandlung, des
Misstrauens und der langweiligen Arbeit, die die Analysten ertragen mussten, kehrten nach dem MBA-Anschluss
nur sehr wenige in die Firma zurück, und das, obwohl die
Geschäftsführung eine hohe »Rückkehrerquote« anstreb-
te. Schlimmer noch, die Ex-Analysten erzählten ihren
Kommilitonen von ihren schlechten Erfahrungen, was der
Firma bei der Rekrutierung große Probleme und hohe
Kosten aufbürdete. »Die Worte scheinen die Taten ersetzt
zu haben«, schlussfolgerten die Studenten, die die Fallstudie durchgeführt hatten.

Werden hehre Worte verbreitet und ständig wiederholt, ohne dass darauf Taten folgen, ist das schlimmer als
nur nutzlos. Über den von Amok laufenden Mobbern angerichteten und weithin dokumentierten Schaden hinaus
riskieren solche Unternehmen und ihre Chefs auch, als
Heuchler abgestempelt zu werden und damit Zynismus
und Spott Vorschub zu leisten. Nehmen wir nur den Fall
Holland & Knight, eine Anwaltskanzlei mit rund 1 300 Anwälten, die einstmals gegenüber den Medien über ihre

»Keine-Mistkerle-Regel« geprahlt hatte, über den die *St. Petersburg Times* 2005 in mehreren Beiträgen berichtete. Demnach hatte der geschäftsführende Gesellschafter Howell Melton Jr. die Empfehlung eines internen Ausschusses abgeschmettert, einen Partner namens Douglas A. Wright (vom Büro in Tampa) wegen Verstoßes gegen die interne Firmenpolitik in Sachen sexuelle Belästigung nachhaltig zu bestrafen. Stattdessen begnügte sich Melton mit einer Abmahnung – und berief Wright ein paar Monate später auf die dritthöchste Position innerhalb der Firma.

Diese Beförderung erfolgte, obwohl laut *St. Petersburg Times* die propagierte Priorität der Kanzlei darauf gerichtet war, »selbstsüchtige, arrogante und respektlose Anwälte« auszusondern, um ihre selbst verkündete Keine-Mistkerle-Regel durchzusetzen. Und obwohl neun Anwältinnen aus dem Büro in Tampa Wright der sexuellen Belästigung beschuldigt hatten und der *Daily Business Report* gemeldet hatte, dass Wright im vorherigen Sommer inoffiziell abgemahnt worden war und unter anderem die Anweisung erhalten hatte, Frauen im Büro nicht mehr zu fragen, ob sie seine »Muckis« berühren wollten. Darüber hinaus war ihm gesagt worden, er solle Frauen gegenüber keine Kommentare mehr über ihre Kleidung und ihr Sexleben machen und keine Vergeltung mehr gegen Frauen üben, die sich über ihn beschwerten.

Nachdem Melton Wright in eine Führungsrolle befördert hatte, gelangte nach Angaben der *St. Petersburg Times* eine von Charles D. Knight, dem Partner im Chicagoer Büro, geschriebene siebenseitige E-Mail an die Öffentlichkeit. Darin kritisierte Knight, dass Holland & Knight es nicht nur unterlassen hatte, »alle Mistkerle auszumerzen«, sondern »es bedauerlicherweise sogar den Anschein hat, als wären einige davon in die höchsten Ebenen der Unternehmensführung befördert worden«. Da wir nicht vor Ort waren und uns ausschließlich auf Presseberichte berufen können, erscheint es angebracht, diese »Fakten« mit einer gewissen Vorsicht zu genießen. Allerdings war Knight nicht die einzige undichte Stelle, wie der offene Brief belegt, den ein weiterer Holland-&-Knight-Partner namens Mark Stang an die *St. Petersburg Times* schickte und in dem er sich bei den »›mutigen Frauen aus dem Tampa-Büro unserer Kanzlei‹ entschuldigte und seine ›Abscheu‹ darüber zum Ausdruck brachte, wie man sie behandelt hatte«.

Anfangs griff Holland & Knight Knights Indiskretion an und sagte, dass dadurch »auf fahrlässige und ungerechtfertigte Weise der Ruf eines der besten Partner der Kanzlei beschädigt wird«. Parallel dazu wies Douglas Wright in einem Presseinterview vehement alle Vorwürfe zurück, »irgendwelche Mitarbeiter der Kanzlei sexuell belästigt« zu haben. Darüber hinaus behauptete er, nicht nur Frauen, sondern auch Männer aufgefordert zu haben, seine »Muckis« anzufassen und überhaupt »alle genau gleich zu behandeln«. Trotzdem trat er nach der negativen Presse in der *St. Petersburg Times* von seiner Führungsposition zurück – blieb aber weiter als Partner in der Kanzlei. Unabhängig davon, was sich in Wahrheit bei Holland & Knight zugetragen hatte, geriet die öffentlich erklärte Verpflichtung der Kanzlei, Mitarbeiter zu entlassen, die ihre Kollegen respektlos behandeln, durch diesen Vorfall zu einem PR-Desaster, das die Keine-Mistkerle-Politik als hohle Rhetorik entblößte, und zumindest einige Partner innerhalb der Kanzlei erboste.

Im Gegensatz dazu hat sich die Fluggesellschaft Southwest Airlines durch ihre konsequente Null-Toleranz-Politik gegenüber respektlosen Mitarbeitern und das Aussortieren von Mitarbeitern, die Kollegen und Kunden unfreundlich und schroff behandeln und deshalb nicht in die Unternehmenskultur passen, neben einer positiven

Presse auch ein hohes Maß an Mitarbeiterloyalität gesichert. Die ehemalige Southwest-Personalchefin Ann Rhoades erzählte mir von einem neu eingestellten Manager, der zwar nicht direkt gemein, aber Kollegen gegenüber abweisend und ungeduldig war. Irgendwann kam er zu Ann und sagte: »Ich weiß nicht, ob ich es hier noch viel länger aushalte. Ich will mit meinen Kollegen einfach zusammenarbeiten, ich will sie nicht als Freunde haben.« Obwohl sie sich sehr darum bemüht hatte, den Mann zu Southwest zu holen, gestand sie sich ein, dass er nicht zu dem Unternehmen passte. Also schlug sie ihm vor, sein Glück woanders zu versuchen. Ein paar Monate später wechselte er zu einer anderen Fluggesellschaft.

Integrieren Sie die Anti-Arschloch-Regel in die Einstellungs- und Entlassungspolitik

Die Anti-Arschloch-Regel muss, wie wir von Southwest Airlines und JetBlue lernen können, in die Einstellungs- und Entlassungspolitik integriert werden. Die Anwaltsfirma Perkins Coie aus Seattle etwa hat eine – auch in die Tat umgesetzte – »Keine-Mistsäcke-Regel«, die mit dafür verantwortlich ist, dass es die Kanzlei im Jahr 2006 zum vierten Mal in Folge auf die *Fortune*-Liste der »100 besten Arbeitgeber« geschafft hatte. Wie die Kanzlei die Regel bei Vorstellungsgesprächen anwendet, zeigt sich vielleicht am besten anhand des Falles eines Staranwalts. So sehr die Perkins-Coie-Partner Bob Giles und Mike Reynvaan den Anwalt haben wollten, beim Einstellungsgespräch wurden ihnen klar, dass sie damit gegen »die Regel« verstoßen würden. »Wir haben«, sagten sie, »uns nur angesehen und gesagt: ›Was für ein Mistsack.‹ Nur dass wir ein anderes Wort benutzten.« Auf Nachfrage bei Mike Reynvaan erhielt ich die Antwort, dass sie stattdessen – wie in solchen Fällen üblich – den Ausdruck »Arschloch« benutzt hatten.

Auch IDEO, eine überaus erfolgreiche international tätige Beratungsfirma und Innovationsschmiede, siebt herabsetzende und arrogante Leute von Anfang an konsequent aus. Viele Bewerber erhalten erst dann ein Jobangebot, wenn sie in einem Praktikum bewiesen haben, dass sie auch unter realen Arbeitsbedingungen nicht zu Arschlöchern mutieren. Bei anderen Kandidaten nimmt sich das Unternehmen Zeit, die Arschlöcher auszusieben. Personalmanager Diego Rodriguez erklärt, wie IDEO dabei vorgeht:

1. Wir legen großen Wert auf Referenzen von Leuten, denen wir vertrauen. Darüber hinaus ermutigen wir unsere Angestellten, Universitätsseminare zu geben und darauf zu achten, wie sich potenzielle Mitarbeiter im Unterricht verhalten – und zwar insbesondere, wenn sie in Teams unter großem Druck schnell gute Leistung bringen müssen. Nichts gegen Initiativbewerbungen und die darin enthaltenen Lebensläufe, aber echte Referenzen sind Gold wert!

2. Wir bemühen uns, die Kandidaten schon im Vorfeld entsprechend ihrer beruflichen Kompetenz zu selektieren, damit wir uns während der Bewerbungsgespräche stärker auf ihre menschlichen Qualitäten (beziehungsweise deren Fehlen) konzentrieren können.

3. Werden Sie zu einem Vorstellungsgespräch eingeladen, werden Sie mit hoher Wahrscheinlichkeit mit einer Vielzahl von Leuten sprechen – mit mehr, als allgemein in Unternehmen für einen solchen Anlass als vernünftig gilt. Sie essen mit ihnen. Sie laufen durch unsere Büros. Sie unterhalten sich. Sie beantworten Fragen. Sie stellen Fragen. Sie nehmen an Designtests teil. Das alles gehört mit dazu, ein gegenseitiges Gefühl des »Zueinanderpassens« zu schaffen.

4. Jeder Kandidat wird von Leuten interviewt, die vom

Rang her über, unter oder auf derselben Ebene stehen. Und auch von Leuten aus völlig anderen Berufssparten und Abteilungen. Auf diese Weise haben Sie, sollten Sie eingestellt werden, das Gefühl, dass das gesamte Unternehmen Sie will, nicht nur ein bestimmter einflussreicher Manager, der davon abgesehen ein absolutes Arschloch sein könnte. Diese Methode verhindert zudem, dass sich Arschlöcher mit Entscheidungsbefugnis in Personalfragen vermehren. Arschlöcher neigen zur Gruppenbildung, und haben sie einmal zueinander gefunden, kann man sie nur noch schwer trennen.

Diegos letzter Punkt ist von entscheidender Bedeutung. Laut Studien über Bewerbungsgespräche und Einstellungsentscheidungen neigen Leute mit Einfluss auf Personalentscheidungen dazu, Kandidaten einzustellen, die so aussehen und sich so verhalten wie ihr Idealbild – sie selbst. Rosabeth Moss Kanter, Professorin an der Harvard Business School, spricht in diesem Zusammenhang von »homosozialer Reproduktion«, was bedeutet, dass der Einstellungsprozess zwangsläufig dazu führt, dass »Klone eingestellt« werden. *Mit anderen Worten, Arschlöcher vermehren sich wie die Karnickel.* Wenn man zulässt, dass sich Arschlochmanager durch den Einstellungsprozess vermehren, wird es, wie Diego sagt, im Unternehmen bald schon von Arschlöchern dominierte Gruppen geben – die dann andere Gruppen bekämpfen oder, schlimmer noch, Macht gewinnen und ihr Gift überallhin tragen. IDEO beugt dieser Neigung dadurch vor, dass die Gruppe, die Personalentscheidungen trifft, vielfältiger – und damit mit weniger Arschlöchern – besetzt ist.

Wenn sich die meisten Unternehmen schon schwer genug tun, Widerlinge, die den Eindruck erwecken, sie könnten jede Menge Umsatz bringen, nicht einzustellen, dann fällt es Managern noch schwerer, destruktive Despoten zu feuern, die für jede Menge Umsatz sorgen. Das Textilunternehmen Men's Wearhouse zeigt, wie man es anstellt, Worten Taten folgen zu lassen. CEO George Zimmer und andere Führungskräfte betonen, wie wichtig es ist, dass sich die Mitarbeiter Respekt entgegenbringen, ein starkes Teamgefühl entwickeln, jeden Kunden zufrieden stellen und zum allgemeinen Erfolg des Unternehmens beitragen. Obwohl die Verkäufer auf Kommissionsbasis bezahlt werden, tun die Führungskräfte mehr, als nur hehre Erklärungen abzugeben wie: »Herausragende Verkäufer sind auf die Unterstützung ihrer Teamkollegen angewiesen, um Kunden optimal zu bedienen. Deshalb achten wir auf die Chemie in Teams, wenn wir über Einstellungen, Versetzungen und Beförderungen entscheiden.«

Einer der vom Dollarumsatz her erfolgreichsten Verkäufer des Unternehmens wurde gefeuert, als er sich trotz wiederholter Gespräche und Warnungen seitens der Geschäftsführung beharrlich weigerte, seine Arbeitsweise zumindest teilweise auf seine Kollegen und das Ladengeschäft abzustimmen. Dieser Verkäufer, stellten Jeff Pfeffer und ich während der Recherche für unser Buch *Wie aus Wissen Taten werden* fest, »stahl« anderen Verkäufern Kunden, machte die Unternehmenskultur schlecht und lehnte es ganz offen ab, seinen Kollegen mit »ihren« Kunden zu helfen. Mit der Entscheidung, diesen Mitarbeiter zu entlassen, demonstrierte Men's Wearhouse, dass es seine propagierten Prinzipien über ein respektvolles Miteinander tatsächlich ernst nahm. Abgesehen davon profitierte das Unternehmen auch finanziell: Nach dem Ausscheiden des selbstsüchtigen und schwierigen »Starverkäufers« schnellte der Gesamtumsatz in der Filiale um nahezu 30 Prozent in die Höhe, obwohl keiner der anderen Verkäufer so viel Umsatz machte wie der gegangene »Star«. Ganz offenkundig hatten die von diesem Widerling verursachte dysfunktionale Konkurrenz und die damit einhergehenden negativen Einkaufserlebnisse der Kunden einen erheblichen Tribut gefordert.

Bei meinen Recherchen stieß ich auf zahlreiche Fälle, in denen die oberste Führungsspitze im Rahmen der Neuausrichtung einer bislang fatalen Unternehmenskultur gezielt Widerlinge ausgesondert hatte. Ein Topmanager eines *Fortune*-500-Unternehmens erzählte mir, dass zu Beginn der 1990er Jahre ein neuer CEO die Führung übernommen und mit als Erstes eine Kampagne gestartet mit dem Ziel, rund 25 gehässige Manager aus dem Amt zu jagen. Der neue CEO war fest entschlossen, diese »anerkannten Arschlöcher« loszuwerden, weil sich wegen der von ihnen geschürten »Kultur der Angst« das Unternehmen in »einen Arbeitgeber verwandelt hatte, für den zu arbeiten keinen Spaß machte und der seine Kunden unfreundlich behandelte«. »Im Prinzip«, sagte dieser Manager zu mir, »war es so, als hätte er › Arschlöcher-Fahndungslisten‹ mit den Fotos der 25 betroffenen Mitarbeiter ausgehängt.« Und »obwohl der neue CEO sie am liebsten alle aufgereiht und sofort gefeuert hätte«, setzte er auf das Leistungsbewertungssystem, um die Leute auf seiner »Abschussliste« über zwei Jahre hinweg methodisch auszusondern. Diese Säuberungsaktion markierte den Anfang eines kulturellen Wandels, der »dem Unternehmen wieder Menschlichkeit verlieh«, was sowohl den Mitarbeitern als auch den Kunden zugute kam und darüber hinaus dabei half, »eine Vielzahl anderer schlechter Angewohnheiten abzulegen, beispielsweise die Angst davor, mit neuen Ideen herumzuexperimentieren«. Auch wenn ich den Namen des Unternehmens nicht verraten darf, kann ich Ihnen sagen, dass es seitdem den Sprung aus der breiten Masse zu einer der profitabelsten Firmen in seiner Branche geschafft hat.

Ob es sich nun um die Entlassung nur einer Person

oder um eine groß angelegte Säuberungsaktion handelt: Hat ein unverbesserlicher Mobber das Gebäude zum letzten Mal verlassen, ist die Erleichterung allerorten deutlich spürbar. Auf meine Frage nach ihren Erfahrungen mit der »Entfernung« solcher Fieslinge hob Ann Rhoades hervor, dass daraufhin in jedem Unternehmen, für das sie gearbeitet hatte – angefangen von Fluggesellschaften über Banken bis hin zu Hotels –, eine Reihe vorhersehbarer Ereignisse folgte. Als Erstes: Obwohl solche Maßnahmen praktisch immer sehr schwierig umzusetzen und häufig heftig umstritten sind, stellen sich in allen Fällen so rasche und deutliche Verbesserungen ein, dass »so gut wie jeder fragt: ›Warum nur haben wir so lange gewartet? Wir hätten das schon viel früher tun sollen.‹« Dann: Mitarbeiter, die drauf und dran waren, das Unternehmen zu verlassen, beschließen, doch zu bleiben, und der Personalabteilung fällt es plötzlich viel leichter, offene Stellen zu besetzen. Außerdem zeigt sich, so Rhoades – und das Beispiel von Men's Wearhouse belegt es –, dass sich Kotzbrocken, deren »Verlust man sich nicht leisten zu können glaubte«, als gar nicht so wertvoll und unersetzbar erweisen. Und schlussendlich genießen die Leute, die den Posten des geschassten Mobbers übernahmen, einen unschlagbaren Vorteil, da sie, wie Ann es formulierte, nur »nett zu allen sein müssen, und schon sind die Leute glücklich, den neuen Mann anstelle des alten Tyrannen zu sehen«.

Wenden Sie die Anti-Arschloch-Regel auch auf Kunden und Klienten an

Organisationen, denen es mit der Umsetzung der Anti-Arschloch-Regel ernst ist, wenden sie nicht nur auf ihre Mitarbeiter, sondern auch auf Kunden, Klienten und alle anderen an, mit denen sie zu tun haben. Sie tun das, weil ihre Mitarbeiter eine miese Behandlung nicht verdient haben, weil ihre Kunden (oder die Steuerzahler) nicht gutes Geld bezahlen sollen, um sich dann mit unverschämten Leuten herumschlagen oder deren Untaten mit ansehen zu müssen, und weil Gehässigkeit, die von irgendeiner Seite ungestraft toleriert wird, eine Kultur der Geringschätzung begünstigt, die jeden infiziert, der mit ihr in Berührung kommt. Joe Gold, der verstorbene Gründer der Sportstudiokette Gold's Gym mit heute über 550 Filialen in 43 Ländern, wendete auf Kunden seine Version der Regel an. Er redete nicht groß um den Brei herum: »Kurz gesagt, man führt ein Sportstudio so, wie man seinen Haushalt führt. Es muss sauber und alles an seinem Platz sein. Idioten haben keinen Zutritt, Mitglieder zahlen pünktlich, und wer Probleme macht, fliegt raus.« Gold folgte dieser Kundenpolitik von dem Tag an, an dem er sein erstes Sportstudio einen Block entfernt vom »Muscle Beach« im kalifornischen Venice eröffnete. Zu seinen ersten Kunden gehörte Arnold Schwarzenegger, der sieben Mal zum Mr. Olympia gekürt wurde, zum Filmstar aufstieg und schließlich Gouverneur von Kalifornien wurde.

Auch wenn sich JetBlue und Southwest Airlines einer etwas weniger drastischen Sprache befleißigen, wenden sie auf ihre Kunden eine vergleichbare Regel an. Fluggäste, die Mitarbeiter extrem oder wiederholt gemein behandeln, werden auf eine »schwarze Liste« gesetzt und vom Ticketkauf ausgeschlossen – wovon derzeit bei beiden Fluggesellschaften mehrere hundert Personen betroffen sind. Außerdem untermauern auch die Top-Führungskräfte dieser Unternehmen ihre Worte mit Taten: Auf einer Geschäftsreise wurden Ann Rhoades und ein weiterer Southwest-Manager Zeuge, wie ein Passagier die Mitarbeiter am Check-in übel behandelte – sie beschimpfte, mit Flüchen bedachte und sich in bedrohlicher Manier über die Theke lehnte. Anns Kollege ging zu dem Mann und sagte ihm, dass alle es vorzögen, wenn er mit einer anderen Flug-

gesellschaft fliegen würde und dass die Southwest-Mit-
arbeiter eine solche Behandlung nicht verdient hätten.
Am Ende begleitete er den Berserker zum Schalter einer
anderen Fluggesellschaft und kaufte ihm dort ein Ticket.

Eine Studie über den Umgang amerikanischer Polizei-
beamter mit Verbrechern und Bürgern ergänzt die Regel
um einen interessanten Aspekt. John Van Maanen, Professor am Massachusetts Institute of Technology, wandte
ein Jahr für eine anthropologische Studie über Polizeibe-
amte in einer Großstadt auf. Um mehr über deren Arbeit
zu erfahren, besuchte er die Polizeiakademie und begleitete über mehrere Monate hinweg Polizisten bei ihren Ein-
sätzen. Polizisten lernen schnell, erkannte Van Maanen,
dass sie nicht jeden Verbrecher aufhalten können, und
konzentrieren sich deshalb darauf, den übelsten, gewalt-
tätigsten und unsittlichsten Kriminellen das Handwerk zu
legen. »Meiner Meinung nach«, sagte ein altgedienter Polizist zu Van Maanen, »geht es in unserem Job vor allem
darum, zu verhindern, dass die Arschlöcher die Stadt übernehmen. Ich rede hier von den Dreckschweinen da draußen, die glauben, sie könnten alle anderen herumstoßen.
Das sind die Arschlöcher, die uns Sorgen bereiten und mit
denen wir es auf der Streifenfahrt zu tun bekommen. Sie
sind diejenigen, die anständigen Leuten das Leben schwer
machen. Unter dem Strich läuft das, was wir tun, darauf
hinaus, die Arschlöcher zu kontrollieren.«

Fingen normale Bürger an zu toben oder wurden ausfallend, dann so stellte Van Maanen außerdem fest, ver-
dienten sie nach Meinung der Polizisten das Etikett
»Arschloch« und wurden entsprechend behandelt: Der
Ton wurde eher schroff, sie bekamen einen Strafzettel und
wurden, wiewohl illegal, häufig übertrieben hart an-
gepackt. Die folgende in Polizeikreisen beliebte Schnurre
zeigt, wie sich ein unbescholtener Bürger das Etikett verdienen kann.

Polizist zu einem Autofahrer, den er wegen Geschwin-
digkeitsübertretung angehalten hat:
»Dürfte ich bitte Ihren Führerschein sehen?«
Autofahrer:
»Warum zum Teufel haben Sie es auf mich abgesehen
und machen nicht irgendwo anders Jagd auf ein paar
wirkliche Kriminelle?«
Polizist:
»Weil Sie ein Arschloch sind ... Aber das weiß ich erst,
seit Sie den Mund aufgemacht haben.«

Gold's Gym, die Fluggesellschaften Southwest und JetBlue
und Polizeidienststellen haben es zwar mit einer überaus
unterschiedlichen Klientel zu tun, aber für alle erweist sich
die Anti-Arschloch-Regel als hilfreich, weil sie ihre Mitarbeiter dazu ermutigt, respektloses und missbräuchliches
Verhalten im Keim zu ersticken beziehungsweise im Fall
der Polizisten dazu beiträgt, die schlimmsten öffentlichen
Auswüchse solcher Verhaltensweisen zu unterbinden.

Status- und Machtunterschiede: Die Wurzeln vieler Übel

In den meisten Organisationen erhalten die Führungskräfte nicht nur mehr Geld als andere, sondern kommen
auch in den Genuss beständiger Ehrerbietung und fal-
scher Schmeicheleien. Wie eine Vielzahl wissenschaftlicher Studien belegt, neigen Leute, die in Machtpositionen
befördert werden, dazu, auf einmal mehr zu reden, sich
einfach zu nehmen, was sie möchten, die Einstellungen
und Wünsche anderer Menschen sowie die Reaktion weniger mächtiger Personen auf ihr Verhalten zu ignorieren.
Sie gebärden sich anderen gegenüber zunehmend rücksichtsloser und beurteilen Situationen oder Menschen da-

nach, ob sie als Mittel zur Befriedigung ihrer eigenen Bedürfnisse taugen. Schließlich geht die Erhebung damit einher, dass sie kaum noch in der Lage sind zu erkennen, dass sie sich wie Arschlöcher aufführen.

Meine Stanford-Kollegin Deborah Gruenfeld hat viele Jahre mit dem Studium und der Katalogisierung der Auswirkungen zugebracht, wenn Menschen in eine Position befördert werden, in der sie Macht über andere ausüben können. Die Erkenntnis, dass Macht Menschen korrumpiert und sie dazu verleitet, sich über geltende Regeln hinwegzusetzen, ist weitgehend anerkannt. Das Überraschende an Gruenfelds Studie aber ist, wie schnell – und zumeist negativ – sich selbst winzige und triviale Machtvorteile auf das Denken und Handeln von Menschen auswirken. Bei einem Experiment ließ Gruenfeld jeweils aus drei Studenten bestehende Gruppen über eine Vielzahl umstrittener gesellschaftlicher Themen (von Abtreibung bis Umweltverschmutzung) diskutieren, wobei einer der Studenten per Zufallsauswahl dazu bestimmt wurde, von den beiden anderen Gruppenmitgliedern gemachte Empfehlungen zu bewerten – womit er eine höhere Machtposition zugewiesen bekam. Nach einer halben Stunde stellte der Leiter des Experiments ein Tablett mit fünf Keksen auf den Tisch. Die »mächtigeren« Studenten nahmen deutlich häufiger einen zweiten Keks und neigten eher dazu, mit offenem Mund zu kauen und sich selbst und den Tisch zu bekrümeln.

So banal diese Studie sein mag, erschreckt sie mich doch, weil sie zeigt, dass bereits ein minimaler Machtvorsprung ganz normale Leute dazu verleitet, sich die besten Stücke unter den Nagel zu reißen und sich wie ungehobelte Schweine aufzuführen. Und nun malen Sie sich die Folgen in einer Position aus, in der Sie jedes Jahr in zahllosen Interaktionen die Sahne abschöpfen (nicht nur ein höheres Gehalt, sondern die besten Hotelsuiten, Mahlzeiten in Nobelrestaurants, Erste-Klasse-Tickets, während ihre Untergebenen in der Touristenklasse fliegen, und so weiter und so fort) – und kaum jemand fragt, ob Sie all diese Vorzüge verdient haben. Und sollte sich doch jemand beschweren, springen Ihnen Ihre Leutnants zur Seite, die Ihnen sofort versichern, dass diese undankbaren Greiner keine Ahnung haben, wovon sie reden.

Vor etlichen Jahren hatte ich das zweifelhafte Vergnügen, mit einem Mann zu lunchen, dem eben das zu Kopf gestiegen war. Dabei handelte es sich um den CEO eines höchst profitablen Unternehmens, der gerade erst von einem bekannten Wirtschaftsmagazin zu einem der erfolgreichsten Unternehmensführer des Jahres gekürt worden war und uns – vier oder fünf samt und sonders über 50 Jahre alte Universitätsprofessoren – wie dumme kleine Kinder behandelte. Obgleich er rein theoretisch unser Gast war, sagte er uns, wo wir sitzen sollten und wann wir sprechen durften (so fiel er mir und den anderen mehrfach ins Wort, um uns mitzuteilen, dass er genug gehört habe oder ihn unsere Ausführungen nicht interessierten) und mäkelte an unserer Menüwahl herum (»Das macht Sie bloß dick«). Insgesamt spielte er sich auf, als wäre er unser Herr und Meister und bestünde unsere Aufgabe allein darin, zu jeder Zeit seine Launen zufrieden zu stellen.

Das Erstaunlichste aber war, dass er, ganz so, wie es aus den Studien über Macht hervorging, überhaupt nicht wahrzunehmen schien, dass er uns tyrannisierte und damit vor den Kopf stieß. Im Gegenteil, er bekundete ganz offen seine Absicht, so viel Wissenswertes wie nur möglich aus uns herauszupressen. Außerdem brüstete er sich mit einer ganzen Reihe von Erfolgen, ohne auch nur mit einem Wort die von anderen geleisteten Beiträge zu erwähnen, ein Verhalten, das mit der Erkenntnis übereinstimmt, dass Leute in Machtpositionen »andere Menschen vor allem als Mittel für ihre eigenen Zwecke begreifen« und gleichzeitig Entwicklungen, die ihnen und ihren Unternehmen zugute kommen, vornehmlich auf ihre eigenen Aktionen zurückführen. Obwohl sich alle von diesem Tyrannen unterdrückt fühlten, brachte keiner von uns den Mut auf, sich das zu verbieten, geschweige denn ihn direkt mit seinem Verhalten zu konfrontieren. Allerdings stand einer von uns mehrfach kurz davor, seine Beherrschung zu verlieren, war aber so »einsichtig«, sich jedes Mal kurz zurückzuziehen und schließlich vorzeitig zu verabschieden.

Vieles von dem, was sich bei diesem Lunch abspielte, erinnerte mich an die sozialen Interaktionen bei Pavianen, wie sie die Biologen Robert Sapolsky und Lisa Share darstellen, die in Kenia von 1978 an 20 Jahre lang eine wild lebende Pavianherde studiert hatten. Weil die Paviane einen Großteil ihrer Nahrung aus der Müllhalde einer Touristenanlage bezogen, tauften Sapolsky und Share sie auf den Namen »Müllhaldenherde«. Zu Beginn der 1980er Jahre durften sich allerdings noch nicht alle Tiere der Herde aus der Müllhalde bedienen, da die ranghohen Männchen rangniedrigere Artgenossen daran hinderten. Zwischen 1983 und 1986 verendeten 46 Prozent der größten und aggressivsten Männchen nach dem Verzehr von verdorbenem Fleisch von der Müllhalde. Wie in anderen untersuchten Paviangruppen hatten auch hier die ranghohen Männchen bis dahin gleich- und niedrigrangige Männchen – und in manchen Fällen auch Weibchen – gebissen, tyrannisiert und in die Flucht gejagt.

Doch nachdem diese ranghohen Männchen gestorben waren, ging die Aggression in den Reihen der neuen Anführer stark zurück und beschränkten sich die Attacken vornehmlich auf solche zwischen gleichrangigen Männchen; gegenüber Weibchen kam es zu gar keinen Angriffen mehr. Zudem verwendeten die Herdenmitglieder nicht nur mehr Zeit auf die gegenseitige Fellpflege und saßen enger beieinander als zuvor, laut Blutuntersuchungen litten die Männchen mit dem geringsten Status in der Herde auch unter deutlich weniger Stress als vergleichbare Männchen in anderen Pavianherden. Das Interessanteste aber ist, dass diese Veränderungen noch bis in die späten 1990er Jahre nachgewiesen werden konnten, also lange, nachdem die erste »freundliche« Generation ranghoher Männchen bereits verstorben war. Und nicht nur das: Selbst Männchen, die in anderen Gruppen aufgewachsen waren, legten, sobald sie in die Müllhaldenherde aufgenommen wurden, ein deutlich weniger aggressives Verhalten an den Tag. »Wir wissen zwar nicht, wie diese Übertragung funktioniert«, meinte Sapolsky dazu, »doch ganz offenkundig lernen die aggressiven neuen Männchen sehr schnell, dass man sich hier nicht so aufführt.« Offensichtlich hatte die Müllhaldentruppe, zumindest nach Pavianmaßstäben, eine, wie ich es nennen würde, Anti-Arschloch-Regel entwickelt und durchgesetzt.

Das soll nicht heißen, dass Sie sämtliche Alphatiere rausschmeißen sollten, so verlockend das manchmal erscheinen mag. Vielmehr zeigt uns das Beispiel der Paviane, dass sich, wird die soziale Distanz zwischen hoch- und niedrigrangigen Gruppenmitgliedern auf Dauer reduziert, auch höherrangige Gruppenmitglieder ziviler verhalten – eine Erkenntnis, die Menschen in Machtpositionen zeigt, wie sie es verhindern können, zu selbstsüchtigen und unsensiblen Kotzbrocken zu mutieren. Ungeachtet aller Verlockungen der Macht schaffen es manche Führungskräfte, weiterhin wahrzunehmen, was die Leute um sie herum *wirklich* fühlen, was ihre Mitarbeiter *wirklich* darüber denken, wie das Unternehmen geführt wird, und was die Kunden *wirklich* von den Produkten und Dienstleistungen des Unternehmens halten. Wie die Müllhaldenherde uns lehrt, liegt der Schlüssel dazu darin, dass sich solche Führungspersönlichkeiten entschlossen und nachhaltig darum bemühen, die Machtdifferenzen zwischen sich und anderen (sowohl inner- wie außerhalb des Unternehmens) zu minimieren und nicht etwa zu verstärken.

Das Einkommen liefert ein klares Abbild der Machtunterschiede, und wenn die Differenz zwischen den am besten und den am schlechtesten verdienenden Mitarbeitern in einem Unternehmen oder einem Team verringert wird, wirkt sich das, wie eine Vielzahl von Studien belegt, gleich in mehrfacher Hinsicht positiv aus – angefangen bei einer besseren finanziellen Performance über eine höhere Produktqualität und Forschungseffizienz bis hin zu einer, zumindest bei Baseballmannschaften, höheren Siegquote. Allerdings liegt die Nivellierung des Lohnniveaus derzeit nicht gerade im Trend. Ungeachtet der zahlreichen Untersuchungen, die einen solchen Schritt empfehlenswert erscheinen lassen, verdient ein CEO in den USA im Durchschnitt 500-mal mehr als der durchschnittliche Arbeiter. Dabei könnte man, würde man die Gehaltsdifferenz reduzieren, den CEOs wie auch den einfachen Mitarbeitern vor Augen halten, dass die Oberbosse weder Superstars noch übermenschliche Wesen sind.

Nehmen wir James D. Sinegal, Gründer und CEO der US-Supermarktkette Costco. 2003 verdiente Sinegal mit 350 000 Dollar gerade einmal das Zehnfache dessen, was die auf Stundenbasis arbeitenden Mitarbeiter der höchsten Lohnstufe, und etwa das Doppelte dessen, was Costco-Ladenmanager im Durchschnitt bekamen. Darüber hinaus übernimmt das Unternehmen 92,5 Prozent der Gesundheitsfürsorgekosten seiner Angestellten. Natürlich könnte Sinegal weitaus mehr absahnen, aber selbst in den profitablen Jahren hat er auf einen Bonus verzichtet, »weil wir die von uns festgelegten Standards nicht erreicht haben«, und bislang auch nur einen kleinen Teil seiner Costco-Anteile verkauft. Selbst der Lohnausschuss des Unternehmens ist der Meinung, dass Sinegal unterbezahlt ist.

Wenn er sich um seine Mitarbeiter kümmert und ihnen nahe bleibt, dann, so ist Sinegal überzeugt, bedienen sie ihre Kunden besser, ist Costco profitabler und profitieren alle davon (auch Aktionäre wie er selbst). Sinegal bemüht sich noch auf andere Weise, das »Machtgefälle« zwischen sich selbst und seinen Mitarbeitern zu reduzieren. Jedes Jahr besucht er hunderte von Costco-Läden, mischt sich unter die Mitarbeiter und will von ihnen wissen, wie er ihnen und den Kunden das Leben leichter machen kann. Ungeachtet der anhaltenden Skepsis seitens der Analysten über die damit einhergehenden hohen Lohnkosten verzeichnet Costco kontinuierlich steigende Einnahmen, Gewinne und Aktienkurse. Wenn Mitarbeiter gut behandelt werden, wirkt sich das auch auf andere Weise auf den Saldo aus: Während der »Schwund« (sprich Diebstahl durch Kunden und Mitarbeiter) bei Costco nur 0,2 Prozent beträgt, liegt er bei anderen Supermarktketten beim Zehn- bis 15fachen. Sinegal hält das, was er macht, für gute Führungspolitik. »Schließlich«, sagt er, »wird man sowieso dauernd von allen Seiten beobachtet. Und sollten meine Leute anfangen zu glauben, dass ich nur Mist erzähle, werden sie sich fragen: ›Für wen zum Teufel hält der sich?‹«

Sinegal zählt zu den ganz wenigen CEOs, denen es wichtig ist, den sozialen Abstand zwischen sich und ihren Mitarbeitern zu verringern. Wir in den Vereinigten Staaten und anderen westlichen Ländern neigen im Allgemeinen dazu, die Distanz zwischen Gewinnern, im Mittelfeld platzierten und Verlierern zu verschärfen. Wer aber den Anteil der Arschlöcher reduzieren – und die Performance seiner Organisation erhöhen – möchte, ist gut beraten, die Unterschiede zwischen den höchsten und den niedrigsten Statusgruppen innerhalb der Organisation möglichst gering zu halten. Damit soll keineswegs der Eliminierung sämtlicher Statusunterschiede das Wort geredet werden; im Gegenteil, natürlich sind manche Mitarbeiter wichtiger als andere, schlicht weil sie schwieriger zu ersetzen sind oder über essentielle Fähigkeiten verfügen. Statusunterschiede wird es immer geben, und selbst in einem Unternehmen wie Costco rangiert CEO Sinegal ganz oben über allen anderen und der Mann, der den Parkplatz fegt, ganz unten, ebenso, wie George Zimmer bei Men's Wearhouse an der Spitze und ein neu eingestellter Verkaufsassistent so ziemlich am unteren Ende steht.

Aber wenn man sich fragt, was diese und andere Unternehmensführer tun, um Organisationen mit möglichst wenig Arschlöchern aufzubauen – und zugleich die Performance zu steigern –, erkennt man, dass sie sich alle des, wie ich es nenne, *Macht-Leistungs-Paradoxons* bewusst sind: Sie wissen zwar, dass ihr Unternehmen eine Hackordnung hat und braucht, tun aber gleichzeitig alles dafür, die Status- und Machtunterschiede innerhalb der Belegschaft herunterzuspielen.

Konzentrieren Sie sich auf Gespräche und Interaktionen

Für die in Kapitel 1 erwähnte Mobbingstudie im US-Ministerium für Kriegsveteranen, die mit dem Ziel durchgeführt wurde, Mobbing, psychische Misshandlung und Aggression innerhalb der Belegschaft zu reduzieren, wurden an elf Standorten über 7000 Mitarbeiter befragt. Obwohl in jeder Niederlassung ein mit lokalen Management- und Gewerkschaftsvertretern besetztes »Aktionsteam« einen maßgeschneiderten Maßnahmenkatalog entwickelte, wiesen die Schritte an allen Standorten deutliche Ähnlichkeiten auf: Die Mitarbeiter wurden über den durch aggressives Verhalten verursachten Schaden aufgeklärt, versetzten sich in Rollenspielen in die Lage von Mobbern ebenso wie in die ihrer Opfer und lernten, vor und nach ihren Hand-

lungen darüber zu reflektieren. Darüber hinaus verpflich-
teten sich die Mitglieder der lokalen Aktionsteams und die
Behördenleiter öffentlich zu einem respektvollen Umgang
mit ihren Kollegen. An einem Standort engagierten sich
Manager und Angestellte gemeinsam gegen scheinbar kleine Vergehen wie bewusstes Anstarren, Wortunterbrechun-
gen und absichtliches Ignorieren – Fehltritte, die dort in
der Vergangenheit zu massiven Problemen geführt hatten.
Andernorts führten sie jeden Freitagnachmittag eine »Ab-
blättern« genannte Veranstaltung durch, bei der die Gruppe den kleinen Details großer Probleme auf den Grund
ging und beispielsweise Veteranen einlud, ihnen zu erklären, wie sie sich fühlten und wie sie ihnen besser helfen
könnten.

Die Resultate auf der unternehmerischen Seite umfass-
ten unter anderem einen Rückgang der Überstunden, der
krankheitsbedingten Fehlzeiten, der Mitarbeiterbeschwer-
den und der Wartezeiten für Klienten. Darüber hinaus
nahm an mehreren Standorten die Produktivität zu, so am
Houston Cemetery um neun Prozent, gemessen an der
Zahl der Bestattungen pro Mitarbeiter. Auch die Fokussie-
rung auf kleine Vergehen von Kollegen erwies sich als eine,
wie ich es nennen würde, bemerkenswert wirksame Arsch-
lochmanagement-Technik. Laut im Vorfeld (November
2000) und im Nachhinein (November 2002) durchgeführten Umfragen verzeichneten nach den Interventionen alle
elf Standorte einen klaren Rückgang bei 32 von 60 regis-
trierten Mobbingattacken – darunter bewusstes Anstarren, Fluchen, systematisches Ignorieren, obszöne Gesten,
Schreien, Brüllen, körperliche Drohungen und Übergrif-
fe, Wutausbrüche, Verbreiten bösartiger Gerüchte und negatives Gerede sowie sexistische und rassistische Bemerkungen. Am Houston Cemetery beispielsweise fiel die
Gesamtzahl der von Mitarbeitern gemeldeten »aggressiven Handlungen« um 31 Prozent. Die meisten der damals

initiierten Programme laufen auch heute noch, wie Projektmanager James Scaringi mir berichtete, und haben innerhalb des Ministeriums mit seinen rund 220000 Mitarbeitern zahlreiche »Spin-off-Projekte« angestoßen, darunter eines, das sich auf Höflichkeit am Arbeitsplatz konzentriert, und ein weiteres, bei dem Mitarbeiter lernen,
wie sie vermeiden können, dass sich kleine Konflikte zu
großen Problemen auswachsen.

Die Lektion aus der, wie ich glaube, größten jemals in
den Vereinigten Staaten durchgeführten »Intervention gegen Arschlöcher« lautet: Auch kleine, scheinbar triviale
Veränderungen in der Art und Weise, wie Menschen denken, reden und handeln, können sich unter dem Strich
massiv auswirken. »Anfangs waren etliche von uns skep-
tisch, ob solche kleine Veränderungen einen Unterschied
machen könnten«, sagte Projektmanager Scaringi, »aber
die Resultate haben uns eines Besseren belehrt.«

Zeigen Sie Ihren Leuten, wie man kämpft

Die Anti-Arschloch-Regel durchzusetzen bedeutet nicht,
wie bereits erwähnt, Ihre Organisation in ein Paradies für
konfliktscheue Feiglinge zu verwandeln. Die besten – und
vor allem kreativsten – Gruppen und Organisationen sind
solche, deren Angehörige zu kämpfen verstehen. Intel, der
größte Halbleiterhersteller der Welt, bietet seinen Vollzeit-
mitarbeitern Seminare in »konstruktiver Konfrontation«
an, einer für das Unternehmen kennzeichnenden Strategie. Wenn »Mobber gewinnen«, wenn »Kämpfen« persönliche Angriffe, Respektlosigkeit und Einschüchterung
bedeutet, dann, so betonen Führungskräfte und Unterneh-
menstrainer bei Intel unisono, hat das negative Auswirkungen, zum Beispiel, dass nur »die lautesten und schrillsten
Stimmen vernommen werden«, sich »keine Vielfalt von
Sichtweisen« entwickelt, die interne Kommunikation lei-

det, die Spannungen zunehmen, die Produktivität sinkt und sich die Überzeugung durchsetzt, dass sich die Mitarbeiter zuerst dem Druck der Mobber und dann der Einsicht fügen, dass die einzige Lösung die eigene Kündigung ist. *Schlimmer als zu viel Konfrontation ist nur gar keine Konfrontation* wird bei Intel gepredigt, und folgerichtig bringt das Unternehmen seinen Mitarbeitern bei, positiv auf Schwierigkeiten und Personen zuzugehen, auf Fakten und Logik zu bauen und Probleme, nicht Personen zu attackieren.

»Kämpfen, als ob man Recht hätte, zuhören, als ob man es nicht hätte«, empfiehlt Karl Weick von der University of Michigan. Das ist, was Intel durch Seminare, Rollenspiele und vor allem dadurch, wie Manager und Führungskräfte kämpfen, zu vermitteln versucht. Das Unternehmen lehrt seine Mitarbeiter, *wie* und *wann* sie kämpfen sollen. Das Motto lautet: »Erst widersprechen, dann sich engagieren«, weil Kritik, Gegenargumente und Beanstandungen, die erst vorgebracht werden, nachdem eine Entscheidung getroffen wurde, nur auf Kosten des Einsatzes und der Konzentration auf die Sache gehen und es schwer machen, zu beurteilen, ob ein Projekt Schiffbruch erleidet, weil die Idee schlecht war, oder ob eine gute Idee an ungenügendem Engagement und Einsatz scheitert. Darüber hinaus lernen die Mitarbeiter, ihre Einwände zurückzuhalten, bis alle Kerndaten auf dem Tisch liegen, da voreilige Kritik reine Zeitverschwendung ist und man sich durch unvollständige Informationen nur dazu verleiten lässt, sich offen auf einen am Ende den Fakten widersprechenden Kurs festzulegen.

Intels Ansatz wird belegt durch zahllose Experimente und Feldstudien, denen zufolge destruktive Konflikte vorzugsweise »emotional«, »zwischenmenschlich« oder »beziehungsorientiert« begründet sind, sprich zwischen Leuten stattfinden, die sich verachten oder in manchen

Fällen seit längerem versuchen, sich gegenseitig Schaden zuzufügen. Da die Mitglieder von Gruppen, in denen solche Kämpfe ablaufen, dauerhaft in Konflikte verstrickt und demoralisiert sind, sind sie sowohl bei kreativen wie auch bei Routineaufgaben weniger effektiv. Konstruktiv dagegen sind Konflikte, so die Forscher, in denen es um sachliche Themen und weniger um persönliche oder zwischenmenschliche Dinge geht, also um, wie es bei Intel heißt, »Aufgaben« oder »intellektuelle« Konflikte. Zu diesen Konflikten kommt es – und soll es bei Intel kommen –, wenn Diskussionen auf der »Grundlage aktueller Sachinformationen« stattfinden und die Diskutanten »Alternativen mit dem Ziel entwickeln, die Debatte zu bereichern«. Eben solche Einstellungen waren das Kennzeichen des in den 1970er Jahren von Bob Taylor bei Xerox PARC geleiteten Teams, dem die Entwicklung vieler der für die Computerrevolution entscheidenden Technologien zugesprochen wird (unter anderem der Personalcomputer und der Laserdrucker). Unter Taylors Regie war es »akzeptabel, jemanden wegen seiner Meinung, niemals aber, ihn wegen seiner Persönlichkeit anzugreifen. Taylor bemühte sich, eine Demokratie zu erschaffen, in der die Ideen aller der Zerstörungskraft der Gruppe ausgesetzt werden konnten, unabhängig vom Rang oder Ansehen dessen, der sie propagierte.«

Vergessen wir aber nicht, dass alle diese hübschen Geschichten und aufbereiteten Forschungsergebnisse verschleiern, wie schwer es einem fallen kann, mit anderen über Ideen zu streiten, ohne sich dabei wie ein Arschloch aufzuführen. Ich selbst habe damit ständig zu kämpfen. Jeff Pfeffer ist mein bevorzugter Koautor (wir haben mehrere Bücher und viele Aufsätze gemeinsam geschrieben) und einer der Menschen, denen ich am meisten vertraue, und wir beide sind der Ansicht: »Je mehr wir kämpfen, umso besser schreiben wir.« Doch wenn Jeff eine meiner

Ideen kritisiert (was jedes Jahr mehrere hundert Mal vorkommt), lautet mein erster Gedanke: »Was für ein Arschloch«, und ich muss mich einen Moment zurücknehmen und zuerst beruhigen, bevor ich auf seine gedankliche Logik und seine Argumente eingehen kann.

Derzeit treiben mich ähnliche Gefühle in einem »Startup-Team« am Stanforder Hasso Plattner Institute for Design um, einer bunt gemischten Gruppe, der gestandene Designer, Manager, Führungskräfte, Studenten und Fakultätsangehörige wie ich selbst angehören und die das Ziel verfolgt, Designdenken zu verbreiten und kooperativere und kreativere Lehrmethoden für Seminare zu entwickeln. Wir haben sogar einen Therapeuten, der an den Meetings teilnimmt und uns hilft, interne Spannungen zu überwinden und schneller voranzukommen. Ungeachtet der gemeinsamen Ziele, unseres gegenseitigen Respekts und der therapeutischen Unterstützung ist es mir mehrere Mal passiert, dass ich überzeugt war, eine »konstruktive« Konfrontation zu führen, nur um dann später erfahren zu müssen, dass ich jemanden verletzt hatte. Und erst vor kurzem machte ein Fakultätskollege einen hervorragenden Vorschlag, wie ich meinen Unterricht besser gestalten könnte. Doch statt »zuzuhören, als ob ich nicht Recht hätte«, setzte ich mich hin und verfasste eine wenig nette, mit mehreren abfälligen persönlichen Seitenhieben gespickte E-Mail. Zum Glück verzichtete ich darauf, sie abzuschicken, stand vom Schreibtisch auf, regte mich (mit Hilfe eines Glases guten Weins) ab, dachte nochmals über die Sache nach und erkannte, dass mein Kollege Recht hatte. Ich beherzigte seinen Vorschlag (der darauf hinauslief, den Studenten bei ihren Projektpräsentationen mehr Zeit und Aufmerksamkeit zu widmen) und siehe da, das Seminar geriet zu einem vollen Erfolg. Dann wieder stelle ich fest, dass ich aus Angst vor einer negativen Reaktion kritische Kommentare unterlasse, obwohl ich überzeugt bin, dass sie der Gruppe helfen würden. Was ich damit sagen will: In jeder neuen Situation und jeder neuen Gruppe müssen wir das schwierige Kunststück vollbringen, die Balance zwischen konstruktiv genug und kritisch genug zu finden, und so verwirrend und ungeordnet, wie das Leben nun einmal ist, kann es nicht ausbleiben, dass wir alle immer wieder Fehler begehen.

Vor einigen Jahren führte ich einen Managementworkshop für rund 25 hochrangige Führungskräfte von Intel durch. Auf meine Frage nach ihren Erfahrungen mit konstruktiver Konfrontation antworteten sie, dass dieses Prinzip Intel zwar helfe, ein effektiveres Unternehmen zu sein, seine Umsetzung aber ein kontinuierlicher Kampf sei. Während einige Teams in die destruktive Konfrontation »zurückfielen« und sich in Meetings verstärkt zu persönlichen Attacken und anderen Gemeinheiten hinreißen ließen, entwickelten sich andere in die genau entgegengesetzte Richtung und mutierten ihre Mitglieder zu zaghaften und konfliktscheuen Feiglingen. Das Resümee der Intel-Manager deckt sich mit den Erfahrungen aus dem organisatorischen Umkrempeln der einzelnen Behörden des US-Kriegsveteranenministeriums. Effektive Interaktionen setzen mehr als nur eine Anti-Mobbing-Politik und ein paar Seminare voraus; vielmehr muss man sich auf die Abläufe in jedem einzelnen Gespräch und Meeting konzentrieren, unablässig das eigene Verhalten und das anderer »im konkreten Moment« korrigieren und sich beständig mit den vielen kleinen Dingen auseinander setzen, die ablaufen.

Wäre eine »Ein-Arschloch-Regel« nicht sinnvoller?

Neben über mehrere Jahrzehnte hinweg gesammelten Erkenntnissen über die Reaktion von Gruppen auf »von der

Norm abweichende« Gruppenmitglieder legen mehrere
Studien über den Effekt von herumliegendem Abfall auf
das Verhalten von Menschen nahe, dass es besser sein
könnte, ein oder zwei Arschlöcher in einer Gruppe zu haben als gar keines. Lassen Sie mich mit einer von Robert
Cialdini von der University of Arizona durchgeführten,
cleveren Müllstudie beginnen. In Phase 1 des Experiments
ließ Cialdini seine Forschungsassistenten in einer Tiefgarage »Handzettel, Plastikverpackungen, Zigarettenkip-
pen und Papierbecher« verstreuen. Für die zweite Phase
säuberten sie den Parkplatz sorgfältig von jedem herum-
liegenden Müll. In beiden Situationen klemmten sie den
auf dem Parkplatz stehenden Autos einen großen Handzettel mit der Aufschrift »WOCHE DER VERKEHRS-
SICHERHEIT: BITTE FAHREN SIE VORSICHTIG«
so unter den Scheibenwischer, dass die Fahrer ihn entfer-
nen mussten, um hinaussehen zu können.

   Die Frage war nun: Was werden die Fahrer mit dem
Zettel tun? Werden Sie zum Abfalleimer gehen und ihn
dort entsorgen oder ihn einfach auf den Boden werfen?
Wie nicht anders zu erwarten, neigten die Fahrer auf dem
bereits zugemüllten Parkplatz dazu, den Zettel an Ort
und Stelle fallen zu lassen. Interessant wird es erst, wenn
man weiß, dass bei beiden Experimenten die Hälfte der
Fahrer, wenn sie aus dem zum Parkdeck führenden Auf-
zug stiegen, einen von Cialdinis Mitarbeitern sahen, der
unübersehbar an seinem Auto stand, den Zettel las und
ihn dann auf den Boden fallen ließ. Diesen einen »Mistkerl« gegen die Sauberkeitsnorm verstoßen zu sehen hatte einen verblüffenden Effekt – im Fall der sauberen Tiefgarage warfen Fahrer, die Zeuge des »Normverstoßes«
wurden, ihren Zettel seltener auf den Boden (sechs Prozent gegenüber 14 Prozent), war die Tiefgarage dagegen
bereits verschmutzt, taten sie das deutlich häufiger (54
gegenüber 32 Prozent).

Die Lektion, die wir daraus ziehen können, lautet: Wenn wir sehen, dass jemand eine allseits bekannte Regel – wie »Wirf keinen Abfall auf den Boden« – bricht und niemand sonst das zu tun scheint, dann ragt dieser vereinzelte »abweichende Akt« heraus und illustriert und verstärkt dadurch die Regel. Wenn wir aber jemanden gegen eine Regel verstoßen sehen und alle anderen offenkundig auch dagegen verstoßen, neigen wir dazu, sie ebenfalls zu verletzen – weil die verfügbaren Informationen belegen, dass der Regelbruch nicht sanktioniert oder sogar von uns erwartet wird. Generell werfen die Leute in sauberen Umgebungen ihren Abfall seltener einfach weg, wenn aber, wie Cialdini in weiteren Experimenten zeigen konnte, *nur ein Abfallstück auf dem Boden liegt, tun sie das noch seltener, als wenn gar kein Müll herumliegt.* Auch hier ist dasselbe Prinzip am Werk: Wenn eine oder zwei Personen eine allseits bekannte Regel brechen, tendieren wir eher dazu, sie einzuhalten, als wenn niemand sie verletzt – weil der eklatante Kontrast zum schlechten Verhalten eines einzelnen »Abweichlers« das »gute Verhalten« aller anderen lebhafter vor Augen führt.

Cialdinis Ergebnisse stimmen mit denen von Untersuchungen zu Abweichlern und gesellschaftlichen Normen überein, denen zufolge die allgemeine Neigung, sich an geschriebene oder ungeschriebene Regeln zu halten, zunimmt, wenn ein oder zwei »faule Äpfel« im Korb belassen werden und die Abweichler zudem noch zurechtgewiesen, bestraft und ausgegrenzt werden. Übertragen auf die Arbeitswelt bedeutet das: Behält man einen oder zwei Kotzbrocken (die für ihr Verhalten nicht belohnt werden dürfen), identifizieren sich die anderen Mitarbeiter stärker mit der Anti-Arschloch-Regel. Ein solches »exemplarisches Arschloch« erinnert alle anderen beständig daran, wie man sich nicht verhalten soll und welch unangenehme Konsequenzen Regelverstöße nach sich ziehen können.

Ich weiß zwar von keiner Organisation, die gezielt »exemplarische Arschlöcher« einstellt, aber ich habe in und für etliche Organisationen gearbeitet, die versehentlich das eine oder andere Arschloch eingestellt haben, die dann auch ebenso prompt wie nichts ahnend allen anderen vorführten, wie man sich *nicht* verhalten soll. Egal, wie sorgfältig neue Mitarbeiter vor der Einstellung geprüft werden, es gibt immer ein paar, die im Lauf der Zeit aus persönlichen (und häufig überhaupt nicht mit der Arbeit zusammenhängenden) Gründen zu Mistkerlen mutieren. Dann gibt es noch die, die ihre Schattenseiten verbergen, bis sie den Arbeitsvertrag in der Tasche haben oder, in manchen Fällen, bis sie zum fest angestellten Professor, Partner oder vielleicht auch zu Ihrem Boss befördert worden sind. Mit anderen Worten, wie ich bereits in meinem Essay für die *Harvard Business Review* geschrieben habe: »Indem Sie also darauf abzielen, keine Arschlöcher einzustellen, könnten Sie genau die ein, zwei Arschlöcher erhalten, die Sie brauchen.« Ein Berater, der für eine große Dienstleistungsgesellschaft arbeitet, ergänzte das in einer E-Mail um einen wichtigen Hinweis: »Ich stimme mit Ihnen überein, dass man einen Mistkerl im Unternehmen braucht. Allerdings sollte jeder wissen, wo dieser Mistkerl hingehört – und er darf auf gar keinen Fall befördert werden.« Das trifft es auf den Punkt. Schließlich sollten Sie, wenn Sie zur Abschreckung ein oder zwei Arschlöcher tolerieren, absolut klar machen, dass deren Verhalten *falsch* ist.

Warnung:
Brandmarken Sie Leute nicht voreilig

Vor ein paar Jahren erzählte mir Peter McDonald, ein altgedienter IDEO-Ingenieur, von einigen eher ruppigen Zeitgenossen im Unternehmen, Leuten, die andernorts als

Kotzbrocken gelten würden. IDEO, meinte Peter, verstehe sich gut darauf, Widerlinge fern zu halten, doch Neuanfänger verwechselten manchmal Leute, die schroff und gradheraus seien und darauf bestünden, hohe Standards an ihre eigene Arbeit und die aller anderen anzulegen, mit menschenverachtenden Fieslingen. »Wann immer ich«, fuhr Peter fort, »mit jemandem gearbeitet habe, der als Arschloch galt, musste ich feststellen, dass es sich dabei nur um dummes Geschwätz handelte und jeder Einzelne, wenn ich ihn erst einmal besser kennen gelernt hatte, völlig in Ordnung war.«

Aus Peters Erfahrungen bei IDEO lassen sich mehrere Erkenntnisse für ein effektives Arschlochmanagement ziehen. Erstens: Widerstehen Sie dem Drang, das Etikett jedem zu verpassen, der Sie nervt oder gerade einen schlechten Moment hat. Wird es allzu sorglos vergeben, verliert es seine Bedeutung. Zweitens: Achten Sie darauf, Leute nicht als amtliche Arschlöcher abzustempeln, nur weil sie sich temporär wie Arschlöcher aufführen oder abweisend wirken. Manche Leuten mit einer rauen Schale haben, lernt man sie erst einmal kennen, einen überraschend liebenswürdigen Kern – ich rede dann von einem Stachelschwein mit einem Herz aus Gold. Wenn jemand nur selten lächelt, sich schwer tut, anderen in die Augen zu schauen, oder ständig mit einem höhnischen Grinsen auf den Lippen herumläuft, neigen wir intuitiv dazu, ihn oder sie als Kotzbrocken abzutun. Dabei ist es, wie Peter erfahren hat, in solchen Fällen ratsam, kein vorschnelles Urteil zu fällen, sondern zuerst einmal zu beobachten, wie sich diese Leute verhalten – insbesondere wie sie auf anderen Ebenen Menschen behandeln und hierbei vor allem solche mit weniger Macht und Status. Drittens: Die beste Methode, auf eine Person projizierte negative Stereotypen – sprich Vorurteile, dass eine Person oder alle, die in irgendeine Kategorie fallen, böse, faul, dumm oder was auch immer seien – zu überwinden, besteht darin, mit dem Betreffenden an einer Aufgabe zu arbeiten, in der es unter anderem auf wechselseitige und erfolgreiche Kooperation ankommt. Derzeit wenden Wissenschaftler diese Methode vor allem dazu an, unfundierte ethnische oder rassische Vorurteile zu überwinden. Doch wie Peters Erfahrungen zeigen, könnten damit auch unbegründete Ansichten wie zum Beispiel die überwunden werden, dass ein bestimmter Kollege oder dass jemand nur aufgrund seiner Zugehörigkeit zu einer nach allgemeinem Dafürhalten nur aus Arschlöchern bestehenden Gruppe (sagen wir: Anwälte) ein Kotzbrocken ist. Natürlich wird es immer ein paar Leute geben, die bei jedem Test durchfallen und die sich, je mehr wir über sie erfahren, immer deutlicher als amtliche Arschlöcher entpuppen. Aber es ist ratsam, solche Urteile nicht auf der Grundlage schlechter, sondern möglichst guter Daten zu fällen.

Zum guten Schluss:
Das Große mit dem Kleinen verknüpfen

Ein effektives Arschlochmanagement führt zu einem Wechselspiel zwischen Groß und Klein, zur gegenseitigen Befruchtung zwischen den »großen« Dingen, die Organisationen tun – öffentlich verkündete Unternehmensphilosophie, schriftlich niedergelegte Gesetze, Fortbildungen, die offizielle Einstellungs- und Kündigungspolitik und Belohnungssysteme –, und den kleinen, sprich dem, wie die Menschen tatsächlich miteinander umgehen.

Wir haben bei Southwest die große »Politik« gesehen, beispielsweise die Bereitschaft, Mitarbeiter aufgrund ihrer Haltung einzustellen oder zu kündigen oder ausfälligen Passagieren den Mitflug zu verweigern, die sich auch in kleineren Dingen im Verhalten der Führungskräfte widerspiegelte und durch sie bekräftigt wurde. Erinnern wir uns daran, dass Herb Kelleher einem Piloten die Anstellung verweigerte, weil der eine Empfangssekretärin schlecht behandelt hatte, dass Ann Rhoades einem unfreundlichen Manager nahelegte, sich einen anderen Job zu suchen, oder an den Southwest-Manager, der einem Passagier, der die Mitarbeiter am Check-in wüst beschimpft hatte, ein Ticket bei einer anderen Fluggesellschaft kaufte. Ich habe meine wichtigsten Erkenntnisse darüber, wie Organisationen und ihre Führer die Anti-Arschloch-Regel durchsetzen können, in einer Liste mit dem Namen »Die zehn zentralen Schritte« zusammengefasst. Um die Sache noch mehr auf den Punkt zu bringen: Selbst wenn Sie alles richtig gemacht haben und die richtigen Unternehmensphilosophien und Managementpraktiken zur Unterstützung der Anti-Arschloch-Regel entwickelt haben, bringt das alles nichts, solange Sie nicht den Menschen *direkt vor Ihnen genau jetzt auf die richtige Weise behandeln.*

Die zehn zentralen Schritte zur Durchsetzung der Anti-Arschloch-Regel

1. **Sprechen Sie die Regel aus, schreiben Sie sie auf und handeln Sie nach ihr.** Sollten Sie der Regel nicht folgen können oder wollen, ist es besser, gar nichts zu sagen – keine falschen Ansprüche zu formulieren ist in diesem Fall das kleinere Übel. Schließlich wollen Sie nicht als Heuchler *und* als Boss einer Organisation voller Arschlöcher dastehen.

2. **Arschlöcher stellen weitere Arschlöcher ein.** Verbannen Sie Ihre ansässigen Kotzbrocken aus dem Einstellungsprozess. Ist das nicht möglich, beteiligen Sie an den Vorstellungsgesprächen und dem Auswahlverfahren so viele »zivilisierte« Leute wie nur möglich, um der Neigung von Arschlöchern vorzubeugen, ihresgleichen anzuheuern.

3. **Werden Sie Arschlöcher so schnell wie möglich los.** Üblicherweise lassen sich Organisationen zu viel Zeit, bis sie amtliche und unverbesserliche Arschlöcher vor die Tür setzen. Ist es dann endlich so weit, ist meistens die Frage zu hören: »Warum haben wir damit so lange gewartet?«

4. **Behandeln Sie amtliche Arschlöcher als inkompetente Mitarbeiter.** Jemand, der andere Leute kontinuierlich entwürdigt, sollte selbst dann als inkompetent behandelt werden, wenn er andere Dinge außerordentlich gut macht.

5. **Macht gebiert Gemeinheit.** Denken Sie daran: Wenn man Leuten – selbst scheinbar netten und einfühlsamen – auch nur ein bisschen Macht gibt, kann sie das in ausgemachte Fieslinge verwandeln.

6. **Bejahen Sie das Macht-Leistungs-Paradoxon.** Akzeptieren Sie, dass Ihre Organisation eine Hackordnung hat und diese auch braucht, bemühen Sie sich aber zugleich nach Kräften, unnötige Statusunterschiede zwischen Mitarbeitern zu minimieren oder herunterzuspielen. Das beschert Ihnen nicht nur weniger Arschlöcher, sondern zugleich eine bessere Performance.

7. **Managen Sie Momente – nicht nur Praktiken, Maßnahmen und Systeme.** Effektives Arschlochmanagement bedeutet, die kleinen Dinge, die Sie und Ihre Mitarbeiter machen, ins Visier zu nehmen und zu verändern – die großen Dinge folgen dann von allein. Reflektieren Sie über Ihre Handlungen, achten Sie darauf, wie andere auf Sie und aufeinander reagieren, und optimieren Sie Ihr Verhalten gegenüber der Person, *die genau jetzt vor Ihnen steht.*

8. **Beherzigen und lehren Sie »konstruktive Konfrontation«.** Entwickeln Sie eine Kultur, in der die Leute wissen, wann sie kämpfen und wann sie damit aufhören sollen, um stattdessen mehr Fakten zu sammeln,

anderen zuzuhören, das Jammern einzustellen und einen Kurs selbst dann mitzutragen, wenn sie ihn ablehnen. Ist es an der Zeit, über Ideen zu streiten, beherzigen Sie Karl Weicks Ratschlag und »kämpfen Sie, als ob Sie Recht hätten, und hören Sie zu, als ob Sie es nicht hätten«.

9. **Adoptieren Sie die Ein-Arschloch-Regel.** Da Menschen Regeln und Normen eher folgen, wenn sie hin und wieder mit Beispielen »schlechten Verhaltens« konfrontiert werden, könnte es sein, dass die Anti-Arschloch-Regel in den Organisationen am striktesten befolgt wird, die bewusst ein oder zwei Kotzbrocken als »negative Rollenmodelle« dulden, die allen anderen vor Augen führen, was *falsches* Verhalten ist.

10. **Unter dem Strich: Verknüpfen Sie die großen mit den kleinen Dingen.** Effektives Arschlochmanagement findet dort statt, wo sich »große« Dinge, die Organisationen tun, und kleine Dinge, die sich im alltäglichen Gespräch und Umgang der Menschen miteinander ereignen, gegenseitig befruchten.

Und noch etwas möchte ich betonen: In schlechten Zeiten zeigt sich, wie ernst es einer Organisation mit ihrer Anti-Arschloch-Regel ist. Solange alles gut läuft, wenn ein Erfolg den anderen jagt und man mit Gewinnen und Lob überhäuft wird, ist es leicht, sich zivilisiert zu geben. In all den Jahren ungestümen Wachstums hat sich Google, wie bereits angesprochen, an das Motto »Don't be evil« – »Tu nichts Böses« – gehalten, was, wie die Vizechefin des Bereichs Business Operations Shona Brown erklärte, unter anderem bedeutet, dass es sich bei Google *nicht* auszahlt, sich wie ein Arschloch zu verhalten. Von den ersten Tagen an hat das von Larry Page und Sergey Brin gegründete Unternehmen respektloses Verhalten scharf verurteilt und nicht toleriert. Ich hoffe nur, dass diese Norm weiter Bestand haben wird, wenn das Unternehmen reifer wird und die Geschäfte, wie kaum zu vermeiden, hin und wieder nicht so gut laufen werden. Wie wir wissen, kippt in manchen Unternehmen in solchen Situationen die Stimmung ins Gehässige. Doch dem muss nicht so sein.

Dass zum Beispiel der von CEO Wim Roelandts geführte Halbleiterhersteller Xilinx selbst dann noch ein zivilisierter Arbeitsplatz blieb, als die Umsatzerlöse im Jahr 2001 um über 50 Prozent zurückgingen, lag zum Teil auch daran, dass Roelandts sämtliche Mitarbeiter mit größtem Respekt behandelte – er sprach mit Leuten auf allen Ebenen, lud sie in sein Büro ein und beantwortete besorgte E-Mails umgehend mit Sachinformationen. »Ich habe das Gefühl, mich mit meinen Fragen egal zu was direkt an den CEO wenden zu können«, brachte es ein Mitarbeiter auf den Punkt. »Jedes Mal, wenn ich ihm eine E-Mail schicke, antwortet er innerhalb eines Tages.« Dank der humanen Unternehmenspolitik – wozu unter anderem gehörte, dass Xilinx durch Lohnkürzungen und freiwillige Abfindungsprogramme Entlassungen verhinderte – verloren die Mitarbeiter in der Krisenzeit nicht die Nerven, sondern rückten sogar noch enger zusammen, und zwei Jahre später hatte das Unternehmen die Finanzkrise überwunden. Noch beeindruckender aber: Lag Xilinx zu Beginn der Krise im Jahr 2000 noch auf Platz 21 der *Fortune*-Liste der »Besten Arbeitgeber«, stieg es 2001 (im schlimmsten Krisenjahr) auf Platz sechs auf und im darauf folgenden Jahr sogar auf Rang vier.

Menschen mit Respekt und nicht mit Verachtung zu behandeln zahlt sich ökonomisch aus – auch wenn dies nicht immer ausreichen wird, ein in Schwierigkeiten geratenes Unternehmen zu retten. Niemand kann wissen, was die Zukunft unseren Unternehmen und uns selbst bringen wird. Aber wer mit anderen Menschen zusammenarbeitet, weiß mit 100-prozentiger Sicherheit, dass seine Tage von direkten oder telefonisch geführten Gesprächen, E-Mail-Korrespondenzen, Meetings und anderen Formen der menschlichen Interaktion geprägt sein werden – und dass die Zeit, die er jeden Tag bei der Arbeit verbringt, erfüllender und angenehmer sein wird, wenn an seinem Arbeitsplatz die Anti-Arschloch-Regel gilt.

4

Den »inneren Mistkerl« bändigen

Das letzte Kapitel behandelte die Frage, wie man die Anti-Arschloch-Regel auf Organisationen anwendet. In diesem Kapitel geht es darum, wie Sie die Regel auf sich selbst anwenden – sprich, wie Sie Ihren inneren Mistkerl davon abhalten können, sein hässliches Gesicht zu zeigen. Manche Menschen verhalten sich wie Arschlöcher, egal, wo sie gerade sind, und können nicht davon ablassen, selbst noch die friedlichste, warmherzigste und freundlichste Umgebung mit ihrem Hohn und ihren Wutausbrüchen zu vergiften. Falls Sie sich immer und zu jeder Zeit wie ein Arschloch aufführen, sollten Sie sich am besten einen Therapeuten suchen, Prozac nehmen, an Wutmanagement-Seminaren teilnehmen, transzendentale Meditation probieren, mehr Sport treiben – oder alles zusammen. Die vereinten Anstrengungen von Kollegen und Angehörigen, Therapeuten jeglicher Couleur und der Pharmaindustrie helfen zwar vielen von uns, unsere niederträchtigen Charakterzüge besser in Schach zu halten. Das ändert aber nichts daran, dass die meisten von uns, und das gilt selbst für die »von Natur aus« Liebenswürdigsten und geistig Gesündesten, unter den falschen Bedingungen zu überaus ätzenden und grausamen Zeitgenossen mutieren können. Emotionen wie Wut, Verachtung und Angst sind in hohem Maß ansteckend. Angesichts der in fast allen Organisationen gegenwärtigen Mobber und des Arbeitsstresses ist es schier unmöglich, einen ganzen Arbeitstag zu absolvieren, ohne (zumindest gelegentlich) in die Luft zu gehen oder in Situationen zu geraten, in denen wir uns wie Widerlinge aufführen.

Glücklicherweise gibt es Mittel und Wege, solche An-
fälle zu unterdrücken. Erstens sollte man sich angewöh-
nen, mieses Verhalten als eine ansteckende Krankheit zu
betrachten. Sobald Sie anderen mit Wut, Verachtung oder
Geringschätzung begegnen, oder jemand anderes Sie so behandelt, greift dieses Verhalten wie ein Buschfeuer um sich.
»Emotionale Ansteckung«, sagt die Wissenschaftlerin
Elaine Hatfield dazu. »Menschen neigen in Gesprächen
automatisch und kontinuierlich dazu, Gesichtsausdruck,
Stimmlage, Gesten, Bewegungen und instrumentelle Verhaltensweisen anderer nachzuahmen und ihr eigenes Verhalten damit zu synchronisieren.« Wenn Sie Geringschätzung an den Tag legen, veranlassen sie unbewusst andere
(nicht nur Ihr unmittelbares Gegenüber, sondern auch
passive Zuschauer), sich ebenso zu verhalten – und setzen
damit einen Teufelskreis in Gang, der alle um Sie herum
in ebenso übel gesinnte Monster verwandeln kann, wie
Sie selbst eines sind.

Selbst ansonsten mitfühlende Leute, so haben Leigh
Thompson und Cameron Anderson in Experimenten belegt, verwandeln sich, wenn sie in eine von einem »klassischen Typ des dominanten, fiesen Mobbers« geführte
Gruppe kommen, »zeitweise in exakte Kopien des Alpha-
männchens«. Dass Gemeinheit eine ansteckende Krankheit ist, die man sich bei seinem Boss einfangen kann, wird
nicht nur von Laborstudien belegt. Michelle Duffy be-
obachtete anhand von 177 zufällig ausgewählten Kranken-
hausmitarbeitern, wie sich moralisch indifferente Vorgesetzte, die Hänseleien, Herabsetzungen und abweisendes
Verhalten tolerierten, auf die Belegschaft auswirkten. Sechs
Monate später stellte sie fest, dass Mitarbeiter, die für ty-
rannische Bosse arbeiteten, sich überdurchschnittlich
häufig selbst wie Widerlinge aufführten. »Diese morali-
sche Indifferenz«, erklärte Duffy in der New York Times,
»breitet sich wie ein Bazillus aus.« Studien zur anste-

ckenden Wirkung von Emotionen zeigen darüber hinaus, dass Menschen, die Symptomen unfreundlicher Gefühle, beispielsweise Stirnrunzeln oder abweisenden Blicken, »ausgesetzt« sind, sich aggressiver und unzufriedener fühlen – selbst wenn sie diese Symptome gar nicht wahrnehmen oder sogar abstreiten. Mit anderen Worten: Ist man von Leuten umgeben, die wütend *aussehen*, fängt man an, sich wütend zu *fühlen*. Hatfield und ihre Kollegen fassen die Erkenntnisse der Forschung zur Gefühlsübertragung in einem arabischen Sprichwort zusammen: »Ein weiser Mann, der sich mit schlechten Menschen einlässt, wird zum Idioten.«

Eine Horde Arschlöcher wirkt wie ein »Freundlichkeitsvakuum«, das aus jedem, der hineingerät, Wärme und Freundlichkeit heraussaugt und durch Kälte und Verachtung ersetzt. Vor dieser Gefahr hat auch Bill Lazier gewarnt, ein erfolgreicher Unternehmensführer, der die letzten 20 Jahre seines Lebens in Stanford Wirtschaft und Unternehmungsführung unterrichtet hatte. Bevor man zu einem neuen Arbeitgeber oder in ein neues Team wechselt, sollte man, so Bills Rat, seine neuen Kollegen genau unter die Lupe nehmen und nicht nur nach ihren Erfolgszahlen fragen. Falls die künftigen Kollegen eigensüchtig, boshaft, engstirnig, unethisch oder überarbeitet und körperlich angeschlagen wirken, hat man, warnte er, selbst in sehr kleinen Unternehmen kaum eine Chance, aus ihnen bessere Menschen oder aus dem Arbeitsplatz einen gesunden Ort zu machen. Im Gegenteil, wenn Sie zu einer mit Kotzbrocken besetzten Gruppe stoßen, laufen viel eher Sie Gefahr, sich an deren Krankheit anzustecken.

Ich selbst habe diese Lektion leider erst nach meinem Eintritt in eine von einem bekannten Managementguru geführte Gruppe gelernt. Es war zur Hochzeit des Dotcom-Booms im Silicon Valley, eine Zeit, in der das Valley von Arroganz, Selbstsucht und der stillschweigenden

Übereinkunft dominiert wurde, dass, »wer es jetzt nicht schafft, reich zu werden, nicht sonderlich intelligent sein kann«. Unsere kleine Gruppe traf sich an mehreren Sonntagen in Folge, um über den Aufbau einer Website für Unternehmensstrategien zu diskutieren. An diesen Meetings nahmen sieben bis acht Leute teil, doch das schlechte Benehmen beschränkte sich auf nur vier davon – den Guru, zwei andere Managementexperten und mich. Wir vier wetteiferten um den Rang des Alphatiers. Wir vier bestritten praktisch auch die gesamte Konversation; die anderen, Frauen und jüngere Männer, sagten kaum etwas, und wenn doch, dann ignorierten oder unterbrachen wir sie und kehrten zu unseren lächerlichen Rangkämpfen zurück.

Das dünne Furnier aus Höflichkeit, das über allem lag, verbarg unsere heftige und abstoßende Rechthaberei nur unzureichend. Unter dem Vorwand, Ideen für ein Internetunternehmen zu entwickeln (das nie an den Start ging), missbrauchten wir die Meetings dazu, mit unserem Wissen zu protzen, unsere Erfolge auszubreiten, und kämpften mit rüden Unterbrechungen und einer sperrfeuerartigen Redeweise um Gesprächszeit. Ein mit mir befreundeter Managementberater hat über diese Sorte Meetings einmal gesagt, dass man sich vorkommt, als »würde man einer Horde Affen im Zoo zusehen, die mit Fäkalien um sich werfen, um ihre Dominanz zu behaupten«.

Das bringt unser Verhalten in der Gruppe ziemlich gut auf den Punkt. Nach jedem Treffen kam ich mir vor wie ein Arschloch, und das zu Recht. Und wenn ich nach Hause kam, führte ich mich laut meiner Frau Marina wie ein herrsch- und geltungssüchtiger Kotzbrocken auf. Ich litt, wie sie es ausdrückte, an einem schweren Fall von »Testosteronvergiftung«. Schließlich kam ich wieder zu Sinnen und musste mir eingestehen, dass ich mir – um es anders zu formulieren – eine schwere »Arschlochinfektion«

zugezogen und den Erreger auch noch weiterverbreitet hatte. Also trat ich aus der Gruppe aus.

So gut, moralisch integer und willensstark, wie ich mich selbst gern sehe, halte ich mich eigentlich für immun gegenüber der Neigung, die egozentrischen Schwachköpfe um mich herum nachzuäffen. Wahrscheinlich geht es Ihnen ebenso. Dummerweise handelt es sich, wie ein ganzer Berg an wissenschaftlichen Studien und Bill Laziers Warnung belegen, bei der Arschlochinfektion um eine hoch ansteckende Krankheit, gegen die niemand gefeit ist. Das ist die schlechte Nachricht. Die gute Nachricht ist, dass wir keine ohnmächtigen Schachfiguren sind, die – kaum dass sie knietief im Arschlochsumpf stecken – dazu verdammt sind, zu gnadenlos grausamen Klonen zu mutieren.

Wie Sie einer Arschlochinfektion vorbeugen
Hören Sie auf Leonardo da Vinci –
meiden Sie Mistkerle

Wer Bill Laziers Ratschlag ernst nimmt, muss zuerst seine Hausaufgaben machen, bevor er einen Job annimmt. Finden Sie heraus, ob Sie drauf und dran sind, eine Höhle der Arschlöcher zu betreten, und wenn ja, widerstehen Sie von Anfang an der Versuchung, sich in ihre Mitte zu begeben. »Es ist leichter, am Anfang zu widerstehen als am Ende«, hat Leonardo da Vinci einmal gesagt und damit beste sozialpsychologische Einsicht bewiesen. Je mehr Zeit und Kraft man in eine Sache investiert, gleichgültig, wie sinnlos, dysfunktional oder schlicht dumm sie sein mag, umso schwerer fällt es einem, von ihr zu lassen – sei es eine schlechte Investition, eine destruktive Beziehung, ein Sklavenjob oder ein Arbeitsplatz, an dem es von Mistkerlen, Mobbern und Monstern nur so wimmelt.

Obwohl die meisten wissen, dass man bei Entscidungen Vergangenheitskosten nicht berücksichtigen sollte, wird das menschliche Verhalten stark vom »Zu viel investiert, um jetzt noch aufhören zu können«-Syndrom bestimmt. Wir neigen dazu, die Zeit, die Mühe, das Leid und die vielen Jahre, die wir einer Sache widmeten, vor uns selbst und gegenüber anderen damit zu rechtfertigen, dass etwas daran bedeutsam und wichtig ist, sonst hätten wir doch nie und nimmer so viel Lebenszeit investiert. Und jetzt kommt der Doppelschlag: Je mehr Zeit wir knietief in einer von Fieslingen dominierten Umgebung verbringen, umso mehr laufen wir Gefahr, wie sie zu werden.

Hätte ich »da Vincis Regel« vor meinem Eintritt in die von dem Managementguru geführte Gruppe beherzigt, hätte ich mir eine Menge Ärger erspart. Ich wusste schon vorher, dass er ein arroganter und tyrannischer Mistkerl war – schließlich hatte ich mich schon auf früheren Projektmeetings mit ihm mit dem »Arschlocherreger« infiziert. Aber ich konnte der Versuchung nicht widerstehen: Meine Gier nach Geld und Ruhm übertönte die zaghafte Stimme in mir, die mich warnte: »Du wirst dich wie ein Schwein aufführen, wenn du das machst.« Nun, schlussendlich kam ich zur Besinnung und stieg aus, bevor ich zu viel Zeit und Energie in die Sache investiert hatte und Gefahr lief, dem »Zu viel investiert, um jetzt noch aufhören zu können«-Syndrom zum Opfer zu fallen.

Sollten Sie in der Bewerbungsphase und den Vorstellungsgesprächen hinters Licht geführt worden sein und zeigen die neuen Kollegen ihre wahre Natur, noch bevor Sie den Job tatsächlich antreten, kann da Vincis Regel Sie retten. So geschehen im Fall einer Freundin und Kollegin, die ich hier »Andrea« nennen werde. Ihr wurde ein allem Anschein nach traumhafter Job an der Seite eines namhaften Wissenschaftlers angeboten. Der Wissenschaftler, der Andrea mit der Aussicht auf die Mitarbeit an einem bahnbrechenden neuen Programm lockte, versprach, eng mit ihr zusammenzuarbeiten und ihr ansonsten viel Freiheit zu lassen und wissenschaftlichen Respekt zu erweisen. Er schwärmte von ihrer Erfahrung bei ähnlichen Projekten, behandelte sie sehr herzlich und gab sich von seiner charmantesten Seite. Unmittelbar nachdem Andrea ihre Zusage gegeben hatte, zeigte er, wes Geistes Kind er wirklich war. Andrea war so begeistert von ihrem neuen Job, dass sie den Wissenschaftler noch vor ihrem offiziellen Arbeitsbeginn zu Meetings mit seinen Kollegen begleitete. Abgesehen davon, dass er sie dem Team nicht vorstellte, fiel er ihr wiederholt ins Wort und machte sich über ihre Vorschläge lustig. Obwohl sie dazu angestellt worden war, die Strategie festzulegen, beschied er ihr, sie solle »in den Sessellift steigen, solange er fährt«. Als Andrea um ein Treffen bat, um mit ihm über ihre Bedenken zu reden, ließ er sie abblitzen – was für sie das Zeichen war, den Posten doch nicht anzutreten.

Meine Frau Marina hatte als junge Anwältin vor 20 Jahren eine ähnliche Erfahrung gemacht. Nachdem sie eine Stelle in der Kanzlei eines angesehenen Strafanwalts angenommen hatte, traf sie einen bei der Kanzlei beschäftigten jungen Juristen, der den Strafanwalt als ausgemachtes Arschloch »outete«. Als der Anwalt von seiner Personalabteilung erfuhr, dass Marina den Posten doch nicht antreten wollte, weil er »als schwieriger Chef« galt, rief er sie an, beschimpfte und kritisierte sie und setzte sie unter Druck, ihm den Namen des Insiders zu nennen, der ihn bloßgestellt hatte. Marina weigerte sich, ihre Quelle zu nennen, und als er sie daraufhin noch heftiger beschimpfte, antwortete sie: »Ihr Verhalten mir gegenüber bei diesem Anruf bestätigt nur die Gründe für meine Entscheidung.«

Andrea und Marina hätten sich viel Ärger erspart, hätten sie vorab ihre Hausaufgaben erledigt. Doch sie waren klug genug, gleich »am Anfang zu widerstehen«. Damit haben sie sich nicht nur eine miese Behandlung erspart, sondern auch vermieden, an einem Arbeitsplatz anzufangen, der sie der Gefahr einer Infektion mit dem Arschlocherreger ausgesetzt hätte.

Kündigen Sie – oder gehen Sie auf größtmögliche Distanz

Man kann nicht immer, bevor man einen neuen Job antritt, wissen, was einen dort wirklich erwartet. Die Leute, die Sie einstellen, könnten in den Vorstellungsgesprächen einen falschen Charme spielen lassen (wie der Wissenschaftler gegenüber Andrea). Sie könnten die Lockvogeltechnik einsetzen und Ihnen im Bewerbungsprozess nur die freundlichsten Leute vorführen, um Sie nach erfolgter Unterschrift in ein Team voller Kotzbrocken zu stecken. Oder die Arbeit könnte sich als dermaßen stressig erweisen – endlose Überstunden, extremer Zeitdruck, unfreundliche Kunden –, dass Sie Ihre Frustration und Wut auf Dauer nicht beherrschen können. In allen diesen Fällen greift da Vincis Regel – machen Sie sich so schnell wie möglich aus dem Staub.

Die Kellnerin Jessica Seaver hat in einem faszinierenden Buch mit dem Titel *Gig*, einer Sammlung von über 120 Interviews, in denen Amerikaner über ihre Arbeit reden, gezeigt, wie man das macht. Eigentlich, erzählt Seaver in dem 2000 erschienenen Buch, habe sie es rausgehabt, wie man mit Gästen umgehe, sprich ihnen, wenn sie »eine dermaßen miese Einstellung an den Tag legen oder bis dorthinaus von sich eingenommen sind«, aus dem Weg zu gehen und ansonsten die meiste Zeit über zu versuchen, ihre Wut zu unterdrücken.

Schließlich aber, Seaver hatte sechs Tage am Stück in einer überfüllten und lauten Bar gearbeitet, riss ihr der Geduldsfaden. Ein schwer betrunkener Mann aus Alabama bestellte für seine Freunde eine Runde nach der anderen, ohne ihr auch nur einmal ein Trinkgeld zu geben. Als er eine weitere Runde Tequila bestellte, schüttete Seaver ihm »Salz auf den Kopf« und fuhr ihn an: »Wenn Sie nicht ganz rasch anfangen, mir Trinkgeld zu geben, können Sie Ihren Arsch zur Bar hinausschieben. Ich habe Ihnen für mindestens 150 Dollar Drinks serviert und nicht einen Penny Trinkgeld bekommen.« Kurze Zeit später wechselte Seaver zu einer »dezenteren« Bar, in der die Gefahr einer »Arschlochinfektion« deutlich geringer war.

Jessica Seavers instinktive Reaktion war zwar, diesem Sack aus dem Weg zu gehen, doch das konnte sie nicht, weil er mitten in ihrem Bereich saß. Aus ihrem Verhalten können wir eine weitere Taktik ableiten: Sollten Sie Ihren Job nicht kündigen können oder wollen, versuchen Sie, den Kontakt mit den schlimmsten Leuten auf ein Mindestmaß zu beschränken. Gehen Sie zu möglichst wenigen Meetings mit bekannten Arschlöchern, reagieren Sie auf deren Anfragen tunlichst gar nicht und wenn, dann extrem langsam, und wenn Sie Meetings mit ihnen schon nicht vermeiden können, halten Sie sie so kurz es irgend geht. Da Vermeidungstaktiken so wichtig für Ihr Überleben an einem ätzenden Arbeitsplatz sind, den Sie nicht verlassen können oder wollen, gehe ich in Kapitel 5 genauer darauf ein. Verstecken und aus dem Weg gehen können darüber hinaus Ihr Risiko vermindern, sich mit schlechter Laune zu infizieren und diese an andere weiterzugeben. Dazu müssen Sie allerdings eine Verhaltensregel ablegen, die uns allen in der Grundschule eingetrichtert wurde: dass »gute Kinder« auf ihren Stühlen sitzen bleiben und von geisttötender Langeweile bis hin zu herabwürdigenden Lehrern alles brav erdulden.

Viele von uns können auch als Erwachsene nicht von dieser Regel lassen und haben in Meetings und Gesprächen mit Fieslingen das Gefühl, als würden sie an ihrem

Stuhl festkleben. »Einen der wenigen Tipps, die ich den jüngeren Generationen anbieten kann«, schrieb beispielsweise Nick Hornby, »lautet: *Ihr dürft aufstehen und gehen.*« Hornby meinte damit zwar Konzerte und Filme, deutete aber an, dass dies auch für andere Lebenslagen ein guter Ratschlag sei – wozu meiner Meinung nach Situationen gehören, in denen Sie sich von einem Haufen Arschlöcher umzingelt fühlen.

Warnung:
Wer Kollegen als Rivalen und Feinde betrachtet, spielt ein gefährliches Spiel

Wenn, wie wir im letzten Kapitel gesehen haben, Statusunterschiede zwischen Menschen an der Spitze, in der Mitte und am unteren Ende der Hackordnung hervorgehoben und verstärkt werden, bringt das bei allen die übelsten Seiten zum Vorschein. Alphatiere verwandeln sich in selbstsüchtige und gefühllose Tyrannen und misshandeln ihre Untergebenen; die Leute am unteren Ende der Leiter ziehen sich zurück, entwickeln psychische Leiden und bleiben weit unter ihrem eigentlichen Leistungspotenzial. Viele Organisationen verschärfen diese Probleme noch, indem sie Leute kontinuierlich bewerten und einstufen, ein paar Stars mit Lorbeeren bekränzen und den Rest als zweit- oder drittklassige Bürger behandeln – was dazu führt, dass Leute, die eigentlich Freunde sein sollten, zu Feinden werden, die sich bei dem Versuch, die Leiter zu erklimmen, einen gnadenlosen Konkurrenzkampf liefern und ihre Rivalen nach unten zu stoßen versuchen.

Die Annahme aber, das Leben in Organisationen sei ein einziger gnadenloser Konkurrenzkampf, ist eine gefährliche Halbwahrheit. Fast immer handelt es sich um eine Mischung aus Kooperation und Konkurrenz, und Organisationen, die die extremeren Spielarten interner Konkurrenz unterbinden, sind nicht nur zivilisierter, sie glänzen – ungeachtet der weit verbreiteten gegenteiligen Mythen – auch mit besseren Leistungen. Außerdem lässt sich, wer sein Selbstwertgefühl davon abhängig macht, an die Spitze des Rudels aufzusteigen und sich dort zu behaupten, auf ein Spiel ein, das er aller Wahrscheinlichkeit nach verlieren wird. Die Chancen, dass Sie der Spitzenverkäufer, ein überragender Baseballspieler oder CEO werden, stehen schlecht, und selbst wenn, werden Sie die Krone früher oder später wieder abgeben müssen. Zu gewinnen ist eine phantastische Sache, wenn Sie auf dem Weg dahin anderen helfen können und sie mit Respekt behandeln. Wenn Sie aber auf Ihrem Weg nach oben über andere hinwegtrampeln und sie wie Verlierer behandeln, sobald Sie die Spitze erklommen haben, dann haben Sie meiner Meinung nach nicht nur Ihre Humanität verloren, sondern schwächen auch Ihr Team oder Ihre Organisation.

Aus den von Sozialpsychologen durchgeführten Studien zum Thema »Umdeutung« lassen sich mehrere Techniken ableiten, die Sie davor bewahren können, sich in einen exzessiv konkurrenzorientierten Kotzbrocken zu verwandeln oder sich eine Arschlochinfektion einzufangen. Die Annahmen und die Worte, die wir verwenden – die Brille, durch die wir die Welt wahrnehmen –, beeinflussen in hohem Maß, wie wir andere behandeln. Selbst scheinbar kleine Unterschiede in der Sprache, die wir hören und benutzen, können darüber entscheiden, ob wir kooperieren oder konkurrieren. Alan Key und Lee Roos von der Stanford University führten eine Reihe von Experimenten durch, bei denen sie und ihre Kollegen jeweils zwei Studenten ein Spiel spielen ließen, bei dem die Studenten wählen konnten, ob sie kooperierten und eine »Win-Win-Situation« antrebten oder ein konkurrenzorientiertes »Ich gewinne, du verlierst«-Spiel daraus machten. Die Spiele basierten auf dem klassischen Gefangenen-

Dilemma. Kooperierten die Spieler, bekamen beide dieselbe mittelprächtige Punktzahl. Entschieden sich beide gegen eine Kooperation, erhielten beide eine geringe Punktzahl. Kooperierte aber der eine und der andere nicht,
räumte der unkooperative Spieler groß ab und ging der ko-
operierende leer aus. In einer dem Gefangenen-Dilemma
vergleichbaren Situation greifen viele Menschen zur Lüge
und sagen ihrem Gegenüber, sie würden kooperieren, um
sich dann gegen ihn zu wenden und den ganzen Lohn ein-
zustreichen. Auf dem Gefangenen-Dilemma basierende
Situationen sind in vielen tausend Experimenten und mathematischen Simulationen verwendet worden, darunter
auch in den Arbeiten mehrerer Nobelpreisträger.

Allerdings hatten Kay und Ross bei ihren Experimenten der Hälfte der Spieler vorab gesagt, dass es sich um ein
»Gemeinschaftsspiel« handle (womit sie Bilder von einem
gemeinsamen Schicksal und Zusammenarbeit herauf-
beschworen), während es für die andere Hälfte das »Wall-
street-Spiel« hieß (und eine Situation assoziierte, in der
jeder gegen jeden kämpft). Die Studenten, die das »Gemeinschaftsspiel« spielten, verhielten sich weitaus koope-
rativer und aufrichtiger als diejenigen, die sich im »Wall-
street-Spiel« wähnten – ein Ergebnis, das später mit Air-
Force-Kadetten bestätigt wurde. Werden die Spieler, wie
vergleichbar angelegte Studien ergaben, vorab mit Worten wie »Feind«, »Schlacht«, »rücksichtslos«, »bösartig«,
»Anwalt« und »Kapitalist« sozusagen »geimpft«, kooperieren sie weit seltener, als wenn sie vor dem Spiel Begriffe
wie »helfen«, »fair«, »herzlich«, »gemeinschaftlich« und
»teilen« hörten. Selbst solche scheinbar trivialen Unterschiede in der Sprache wirken sich also massiv darauf aus,
ob sich Menschen kooperativ oder wie selbstsüchtige und
verlogene Verräter verhalten.

Was passieren kann, wenn man das Leben zu einem
reinen Konkurrenzkampf umdeutet, spiegelt sich auch in

dem wider, was James Halpin, der ehemalige CEO von CompUSA, seinen Leuten ins Stammbuch schrieb: »Ihre Kollegen sind Ihre Konkurrenten«. »Ich fordere meine Mitarbeiter auf, sich nach jedem Tag zu fragen: ›Was habe ich heute getan, das mich gegenüber meinen Kollegen auszeichnet?‹ Wenn Ihnen nichts einfällt, haben Sie einen Tag verschwendet.« Halpin setzte, wie er gegenüber der Zeitschrift *Academy of Management Executives* sagte, diese Philosophie bei den Treffen mit den 20 Regionalmanagern seiner Einzelhandelskette um, indem er einen Strich über die Mitte des Tisches zog: Die zehn besten Leute saßen hinter und die zehn schlechtesten vor der Linie und damit näher bei der obersten Geschäftsführung, weil, wie Halpin erklärte, »sie allem zuhören müssen, was wir zu sagen haben«. Außerdem mussten diese zehn Manager Namensschilder tragen, auf denen die Schwundzahlen (verlorene und gestohlene Ware) der von ihnen geführten Läden standen. Halpins Überzeugung nach war die richtige Reaktion auf schlechte Zahlen diese: »Schaut euch den Schwund von dem Kerl an. Er liegt viel höher als im Unternehmensdurchschnitt. Neben dem will ich nicht sitzen.« Nicht mit einem Wort erwähnte Halpin die alternative Konditionierung: Wenn Leute, die ihre Sache gut machen, den Leuten, die sie nicht so gut machen, mit Rat und Hilfe beistehen, kann davon das gesamte Unternehmen profitieren. Halpins Beispiel – der übrigens später, als CompUSA in finanzielle Schwierigkeiten geriet, zum Rücktritt gezwungen wurde – fasziniert mich deswegen so sehr, weil es zeigt, wie man mit der Art und Weise, wie man die Welt darstellt, das Verhalten von Menschen beeinflussen kann. Halpin entwarf – und zwar ganz bewusst – eine Welt, in der rücksichtsloser Wettbewerb erwartet wurde und als wünschenswert galt.

Daraus folgt: Wenn Sie Ihren inneren Mistkerl niederhalten und wenn Sie vermeiden wollen, dass sich der

Arschlochvirus weiterverbreitet (und Sie selbst sich infizieren), müssen Sie Ideen und eine Sprache verwenden,
die die Kooperation in den Vordergrund rücken. Es gibt
drei »kooperative Bezugssysteme«, die Sie verwenden
können. Erstens, und obwohl viele Situationen einen Mix
aus Konkurrenz und Kooperation erfordern, sollten Sie
versuchen, sich auf die Win-Win-Aspekte zu konzentrieren. Wenn ich Organisationen besuche und versuche, mir
ein Bild davon zu machen, wie kooperativ oder konkur-
renzorientiert die Leute dort sind, achte ich sehr genau auf
die Sprache, die sie verwenden, beispielsweise darauf, wie
oft sie »wir« und »uns« statt »ich« und »mir« sagen. Auch
wie sie über andere Gruppen innerhalb der Organisation
sprechen, ist sehr aufschlussreich – sagen sie immer noch
»wir« oder fangen sie an, von »sie« oder »die« zu reden?
Man könnte das für trivial halten, aber selbst kleine Unterschiede in der Sprache können, wie Alan Key und Lee
Ross gezeigt haben, sehr tiefe Einblicke erlauben.

Als der berühmte Managementguru Peter Drucker
kurz vor seinem Tod auf seine 65-jährige Beraterkarriere
zurückblickte, zog er folgendes Fazit: Große Führer können »charismatisch oder langweilig«, »Visionäre oder Zah-
lenfetischisten« sein, aber die besten und am meisten in-
spirierenden Manager, die er kannte, hatten alle ein paar
Dinge gemeinsam, unter anderem, dass »sie eher ›wir‹ als
›ich‹ dachten und sagten«. Also achten Sie auf die Worte,
die Sie und Ihre Kollegen benutzen. Nehmen Sie ein paar
Meetings auf Band auf und hören Sie die Aufnahmen aufmerksam an; wenn es vor allem um »ich, mich und meins«
und »wir« gegen »die« geht, dann könnte es an der Zeit
sein, die Art und Weise, wie Sie reden, zu verändern – das
kann Ihnen helfen, Ihren inneren Mistkerl zu bändigen.

Zweitens: Legen Sie sich eine Sichtweise zu, die Ihre
Aufmerksamkeit auf die Dinge lenkt, in denen Sie nicht
besser oder schlechter als andere Leute sind. Konzentrie-

ren Sie sich nicht auf all die großen und kleinen Dinge, in
denen Sie anderen über- oder unterlegen sind (Ersteres
leistet nur der Arroganz und einer negativen Haltung anderen gegenüber Vorschub, Letzteres Neid und Feindseligkeit). Denken Sie an die vielen Punkte, in denen die anderen ebenso sind wie Sie, denken Sie beispielsweise an das
Bedürfnis nach Liebe, Wohlergehen, Glück und Respekt,
das wir alle haben. Wie wirkungsvoll ein solcher Bezugsrahmen ist, erkannte ich, als eine Innendesignerin namens
Wendy zu mir ins Haus kam, um ein neues Schranksys-
tem zu entwerfen. Ich fragte sie nach ihrer Arbeit, und sie
antwortete, dass der Schlüssel für die Entwicklung eines guten Innendesigns und für einen anregenden und respektvollen Umgang mit dem Kunden für sie darin bestehe,
sich auf all die Dinge zu konzentrieren, die uns Menschen
gemeinsam seien: »Ich sage mir immer wieder, dass wir
alle gleich sind.«

Um zu verdeutlichen, was sie damit meinte, griff Wendy zu einem extremen Vergleich. Sie sei, erklärte sie, auf
mich und meinen Einbauschrank auf exakt dieselbe Weise
zugegangen wie bei ihrem letzten Kunden – einem Sado-
masochisten, der einen Schrank haben wollte, in dem er
seine Peitschen und Ketten aufhängen konnte. Sie habe
ihm zugehört, Maß an seinen Utensilien genommen und
überlegt, was er brauche. Dann meinte sie, dass sich (obwohl ich weder Peitschen noch Ketten besitze) meine Bedürfnisse – und mein Schrank – in Wahrheit »gar nicht so
sehr von den seinen unterscheiden«, weil wir, wenn man
erst einmal an der Oberfläche kratzt, in den meisten Dingen »alle gleich« seien. Natürlich unterscheiden sich
Menschen auf vielfältigste Weise. Und natürlich gibt es
gute Gründe, diese Unterschiede zu berücksichtigen und
Menschen in Abhängigkeit ihrer unterschiedlichen Fähigkeiten und Leistungen unterschiedlich zu belohnen.
Andererseits glaube ich, dass Wendys Philosophie und

ihr Bezugsrahmen uns helfen können, unsere Gemeinsam-
keiten als Menschen nicht aus dem Blick zu verlieren, und
damit auch, andere so zu sehen und zu behandeln, wie wir
selbst gern behandelt werden möchten.

Drittens: In der Berichterstattung über Sport und Business in den Zeitungen oder im Fernsehen wird die Welt
häufig als ein Ort dargestellt, an dem jeder zu jeder Zeit
»mehr und mehr« für »sich, sich, sich« haben will, eine
Einstellung, die ein alter Autoaufkleber auf den Punkt
bringt: »Gewonnen hat, wer mit den meisten Spielsachen
stirbt.« Die überaus eingängige, selten explizit ausgespro-
chene Botschaft lautet, dass wir alle einen lebenslangen
Wettkampf führen, in dem man gar nicht genug Geld,
Ruhm, Siege, tolle Dinge, Schönheit und Sex bekommen
kann – und dass wir mehr davon als die anderen anstreben
und uns unter den Nagel reißen sollten.

Diese Einstellung treibt das Streben nach kontinuierlicher Verbesserung an, ein Streben, das mit gewaltigen
Vorteilen einhergeht: angefangen von immer besseren
sportlichen und künstlerischen Leistungen über schönere
und funktionalere Produkte, eine immer bessere medizi-
nische Versorgung bis hin zu effektiveren und humaneren
Organisationen. Wird das Gemisch aus permanenter Un-
zufriedenheit, unstillbaren Bedürfnissen und überbor-
dender Rivalität aber zu dominant, kann unsere geistige
Gesundheit darunter leiden, kann es uns dazu verleiten,
diejenigen, die unter uns stehen, als minderwertige Wesen
zu behandeln, die unsere Verachtung verdienen, und diejenigen, die über uns stehen und mehr Besitz und Status
haben, mit Neid und Missgunst zu betrachten.

Auch hier kann ein positiver Bezugsrahmen helfen.
Sagen Sie sich einfach: »Ich habe genug.« Natürlich haben
manche Menschen mehr, als sie brauchen – während viele
andere Menschen auf der Erde weder einen sicheren Ort
zum Leben noch genug zu essen haben und auf viele an-

dere Dinge des täglichen Bedarfs verzichten müssen. Obwohl wir, die wir in der Ersten Welt leben, objektiv betrachtet alles haben, was wir brauchen, um ein gutes Leben zu führen, sind viele von uns niemals zufrieden und fühlen sich permanent benachteiligt. Auf diesen Gedanken brachte mich das am 16. Mai 2005 im *New Yorker* abgedruckte hübsche kleine Gedicht »Joe Heller«von Kurt Vonnegut. Es handelt von einer Party im Haus eines Milliardärs, zu der Vonnegut und Heller, der Autor von *Catch 22*, einem berühmten Roman über den Zweiten Weltkrieg, eingeladen waren. Auf der Party sagt Heller zu Vonnegut, dass er etwas besitze, was der Milliardär niemals haben werde: »Das Wissen, dass ich genug habe.« Diese weisen Worte definieren einen Bezugsrahmen, der Ihnen helfen kann, in Frieden mit sich selbst zu leben und die Menschen um Sie herum mit Zuneigung und Respekt zu behandeln.

Joe Heller
Wahre Geschichte, Ehrenwort:
Joseph Heller, ein wichtiger und witziger Autor,
nun tot,
und ich waren auf einer Party eines Milliardärs
auf Shelter Island.
Ich sagte: »Joe, wie fühlst du dich,
wenn du weißt, dass unser Gastgeber gestern
vielleicht mehr Geld gemacht hat
als dein Roman ›Catch-22‹
in der ganzen Zeit seit seinem Erscheinen?«
Und Joe sagte: »Ich habe etwas, was er nie haben wird.«
Und ich sagte: »Was um Himmels willen könnte das sein,
Joe?«
Und Joe sagte: »Das Wissen, dass ich genug habe.«
Nicht schlecht! Ruhe in Frieden!

(Mit freundlicher Genehmigung von Kurt Vonnegut)

Sich mit den Augen der anderen sehen

Ich habe sehr darauf geachtet, Arschlöcher im Hinblick auf ihre Wirkung auf andere zu definieren. Erinnern Sie sich an die beiden Tests zur Identifikation von Arschlöchern aus dem ersten Kapitel: *Fühlt sich die »Zielperson« nach dem Gespräch mit dem vermeintlichen Arschloch bedrückt, erniedrigt, demotiviert oder herabgesetzt?* Vor allem aber: *Hält sie sich für einen schlechteren Menschen?* Mit anderen Worten, ob Sie sich selbst für ein Arschloch halten oder nicht, ist weniger wichtig, als wie die anderen Sie sehen. Psychologen haben in hunderten von Studien nachgewiesen, dass nahezu alle Menschen mit verzerrten und häufig allzu positiven Vorstellungen darüber durchs Leben marschieren, wie sie andere Menschen behandeln, beeinflussen und von ihnen gesehen werden. Wenn Sie es vorziehen, sich der harten Wahrheit über sich selbst zu stellen, statt an Ihren Ihr Ego schützenden Illusionen festzuhalten, versuchen Sie doch einmal, Ihr Selbstbild mit dem abzugleichen, wie andere Sie sehen.

Die Arbeit der Managementtrainer Kate Ludeman und Eddie Erlandson mit Alphamännchen zeigt, wie man dabei vorgehen muss. Da Alphamännchen, wie Ludeman und Erlandson betonen, auch ihre Vorzüge haben, unter anderem die Fähigkeit, entschlossen zu handeln und Ergebnisse zu liefern, wäre es ungerecht, sie generell als Arschlöcher abzustempeln. Andererseits bestehen aber, wie wir gesehen haben, erhebliche Übereinstimmungen. Um Alphamännchen ihr destruktives Verhalten abzugewöhnen, müssen die beiden Trainer, wie sie bald erkannten, zuerst herausfinden, wie die betreffende Person von ihren Vorgesetzten, Kollegen und Untergebenen gesehen wird. Im Fall eines Klienten sprachen sie mit 35 Leuten aus dessen Umfeld und komprimierten die 50 Seiten umfassenden Ergebnisse für ihn auf eine Seite. Obwohl Alphamännchen nach

Auskunft von Ludeman und Erlandson zunächst abweh-
rend reagieren, werden die meisten angesichts der über-
wältigenden Beweislage doch eher kleinlaut und lassen
sich zu einer Verhaltensänderung motivieren.

Zu Ludemans und Erlandsons bekanntesten Klienten
gehören, wie der *Harvard Business Review* zu entnehmen
ist, Michael Dell (Gründer und Vorstandschef von Dell
Computers) und Kevin Rollins (der gegenwärtige CEO
von Dell Computers). Michael Dells Untergebene beschrieben ihn als distanziert, ungeduldig und unfähig, die
Arbeit anderer zu würdigen, während Kevin Rollins von
den Menschen in seiner Umgebung als übermäßig kritisch und schulmeisterlich angesehen wurde und sie ihm
vorwarfen, ein schlechter Zuhörer zu sein, weil er ihre
Ideen ignorierte und stattdessen immer sehr schnell mit
seinen eigenen Vorschlägen zur Hand war. Weder Dell
noch Rollins war klar, wie viel Angst und Frustration sie
in ihrem Unternehmen hervorriefen.

Zu ihrer Ehre muss gesagt werden, dass beide sich sehr
darum bemüht haben, ihr negatives Verhalten abzulegen
und ihre Fortschritte nun mit regelmäßigen »360-Grad-
Bewertungen« kontrollieren. Außerdem versuchen Dell
und Rollins ihrem »inneren Mistkerl« mit Witz und Selbst-
ironie beizukommen. Rollins beispielsweise hat sich eine
»Stoffpuppe von Coco, dem neugierigen Affen, besorgt,
die ihn daran erinnern soll, mehr nachzufragen und offener gegenüber den Ideen anderer Leute zu sein«. Darüber hinaus haben sie systematische Veränderungen in den
internen Abläufen angestoßen, zum Beispiel in Zusammenarbeit mit der Personalabteilung das Profil des idealen
Dell-Managers so verändert, dass nun mehr Gewicht auf
die Fähigkeit zum Zuhören und einen respektvollen Umgang mit den Mitarbeitern gelegt wird. Und da Dell und
Rollins offen über ihre Schwächen sprachen, fanden nicht
nur andere Führungskräfte den Mut, über ihre eigenen

Sünden zu reden, sondern trauten sich auch, sich gegenseitig auf schlechtes Verhalten hinzuweisen. Oder, wie es
ein leitender Angestellter formulierte: »Sobald jemand
offen eingesteht, dass er in Meetings immer wieder Gra-
naten zündet, das aber abstellen möchte, haben wir alle
die Erlaubnis, ihm seine Fehler unter die Nase zu reiben.
Und das tun wir auch.«

Stellen Sie sich Ihrer Vergangenheit

Ich habe mich darauf konzentriert, wie Leute eine Arschlochinfektion oder die Weitergabe des Erregers vermeiden können, ohne dabei auf individuelle innere Dämonen
einzugehen. Ich habe das getan, weil ein Großteil der Literatur zu dem Thema, wie man mit Mistkerlen, Mobbern
und beleidigenden Bossen umgeht – und sich wie solche
Menschen selbst in den Griff bekommen können –, zu
viel Gewicht auf die Persönlichkeit legt. Was dagegen viel
zu kurz kommt, ist der Umstand, dass so gut wie niemand
gegen eine Infektion mit dem Arschlocherreger gefeit ist.
Ungeachtet der in manchen Büchern verbreiteten Gemein-
plätze wie: »Ein Leopard verändert seine Flecken nicht«
und »Wer als Arschloch auf die Welt kommt, stirbt auch
als Arschloch«, belegen zahllose psychologische Studien,
dass sich die Persönlichkeit bestenfalls in Maßen darauf
auswirkt, wie sich Menschen in unterschiedlichen Situationen verhalten. Ich habe versucht, nicht allzu sehr auf
persönliche Eigenschaften einzugehen, weil es im Vergleich zu der Zeit und Mühe, die es erfordert, die eigene
Persönlichkeit oder die eines anderen zu verändern, viel
effektiver ist, ganz klare Strategien zu verfolgen (und anderen beizubringen), beispielsweise einen neuen Arbeitsplatz sehr sorgfältig auszuwählen, schnellstmöglich Leine
zu ziehen, wenn man einen schlechten Arbeitsplatz er-

wischt hat, Fieslingen aus dem Weg zu gehen, den eigenen »Bezugsrahmen« zu ändern und herauszufinden, wie andere Leuten einen sehen (und sich entsprechend nachjustieren). Solche Maßnahmen sind weder einfach noch schmerzlos. Aber sie sind weitaus einfacher – und erfolgversprechender – als der Versuch, die Persönlichkeit zu verändern, mit der Sie auf die Welt gekommen sind oder die Sie in Ihrer Kindheit ausgebildet haben.

Das soll nicht heißen, dass die Persönlichkeit nicht zählt. Psychologen haben tausende von Persönlichkeitsmerkmalen identifiziert und benannt, und darunter gibt es etliche hundert, die einen Menschen mehr oder weniger anfällig dafür machen können, sich wie ein Arschloch aufzuführen. Beispiele für Charakterzüge sind Angst, Aggressivität, Dominanz, emotionale Stabilität, Herzlichkeit, Kontrollbedürfnis, Narzissmus, Neurozitismus, Paranoia, passiv-aggressive Ausrichtung, Primärtrauma, Schizophrenie, Toleranz, Typ-A-Verhalten, Vertrauen und so weiter und so fort. Hier eine »Analyse der Arschlochrelevanz« aller bekannten Persönlichkeitstypen und Hintergrundfaktoren zu versuchen würde den knappen Rahmen dieses Buches bei weitem sprengen. Allerdings gibt es eine wichtige Erkenntnis, die Sie kennen sollten, eine alte, durch viele Studien bestätigte psychologische Weisheit, die lautet: *Der beste Prädiktor für zukünftiges Verhalten ist vergangenes Verhalten.* Diese schlichte Wahrheit besagt, dass Sie, indem Sie sich mit ihren Verhaltensmustern der Vergangenheit auseinander setzen – nicht anders, wie das Alkoholiker und andere Abhängige in ihrer Therapie tun – sehr zuverlässig auf Ihre »Arschlochneigung« schließen können.

Seien Sie ehrlich, waren Sie in der Schule ein kleiner Tyrann? Es gibt hunderte von Studien über Mobbing unter Schülern, über Kinder, die ihre Klassenkameraden regelmäßig tyrannisieren und erniedrigen. Dan Olweus hat in Norwegen eine groß anlegte Untersuchung zu dem Thema durchgeführt, bei der über 130 000 Schüler befragt wurden und die durch langfristige Folgestudien sowohl über die Mobber wie auch ihre Opfer ergänzt wurde. Rund sieben Prozent der norwegischen Kinder, fand Olweus heraus, schikanieren andere Kinder, rund neun Prozent werden schikaniert. Weiter zeigte sich, dass man vorhersagen kann, welche Kinder zu kleinen Despoten werden – und zwar üblicherweise solche, die von aggressiven oder abweisenden Eltern aufgezogen werden oder deren Eltern aggressives Verhalten tolerieren, und solche, die bereits vor Eintritt in die Schule als »lebhaft und hitzköpfig« auffallen. Es gibt zwar keine systematischen Studien darüber, ob aus Schulhoftyrannen später Mobber am Arbeitsplatz werden, doch wie Olweus' Untersuchung belegt, hält der Hang zur Niedertracht bis ins Erwachsenenalter hinein an: So waren von den Jungen, die in den Klassen sechs bis neun als Tyrannen aufgefallen waren, bis zum 24. Lebensjahr rund 60 Prozent wegen mindestens einer Straftat verurteilt worden (gegenüber nur zehn Prozent der nicht auffälligen Kinder). Diese Zahlen sind so überzeugend, dass nicht viel dazugehört, um daraus die Tatsache abzuleiten, dass jemand, der in der Schule andere Kinder schikanierte, später eher dazu neigt, seine Kollegen zu verspotten, zu hänseln, zu bedrohen oder ihnen sogar körperliche Gewalt anzutun.

Sich der Wahrheit über Ihre Vergangenheit zu stellen kann Ihnen helfen, das »Risiko« abzuschätzen, dass Sie sich in Zukunft wie ein Arschloch verhalten. Darüber hinaus kann, wie mehrere hochinteressante Studien belegen, auch die Kultur, in der jemand aufgewachsen ist, dieses Risiko verstärken, insbesondere wenn jemand in einem Land, einer Region oder einer Nachbarschaft groß geworden ist, das beziehungsweise die von Aggressivität und Gewalt geprägt sind. Nehmen wir zum Beispiel an, Sie wären in einer, wie Anthropologen dazu sagen, »Ehrenkultur« aufgewachsen, einer Region oder Gruppe, »in der selbst kleine Streitereien zu einem Kampf um Ansehen und sozialen Status geraten«. Dabei handelt es sich anthropologischen Forschungen zufolge um Kulturen, in denen Männer Status dadurch erwerben und bewahren, dass sie als jemand gelten, »den man nicht herumstoßen kann« und der »sich nichts gefallen lässt«. Die alte Cowboy-Kultur im Süden und Westen Amerikas funktionierte nicht viel anders. Damals gab es dort so gut wie keine Gesetzeshüter, und was jemand an Reichtum und sozialem Ansehen erworben hatte, konnte ihm schnell von anderen weggenommen werden – und obwohl das längst nicht mehr so ist, besteht die damalige Ehrenkultur heute noch weiter. Amerikaner, die in einer solchen Kultur aufgewachsen sind, sind in den meisten sozialen Interaktionen besonders höflich und taktvoll, zum Teil, weil sie vermeiden möchten, die Ehre des anderen (und damit einen Kampf) herauszufordern – selbst noch lange, nachdem sie in einen anderen Landesteil umgezogen sind. Werden sie aber beleidigt, fühlen sie sich schnell dazu verpflichtet, zurückzuschlagen und ihr Besitztum zu verteidigen, insbesondere ihr Recht, mit Respekt oder »Ehre« behandelt zu werden.

Dov Cohen und seine Kollegen haben in einem hochinteressanten und im *Journal of Personality and Social Psychology* veröffentlichen Experiment nachgewiesen, dass sich die Ehrenkultur tatsächlich massiv auf das Verhalten von im Süden der Vereinigten Staaten aufgewachsenen Männern auswirkt, und eben auch selbst nach deren Umzug in einen Nordstaat. In dem 1996 an der University of Michigan durchgeführten Versuch gingen die Teilnehmer (zur Hälfte aus den Süd- und den Nordstaaten) an einem Mann vorbei, der sie »versehentlich« anrempelte und daraufhin als »Arschloch« beschimpfte. Die Teilnehmer aus dem Süden reagierten deutlich anders als die aus dem Nor-

den: Während von den Nordstaatlern 65 Prozent belustigt auf den Rempler und die Beleidigung und nur 35 Prozent wütend reagierten, waren von den Südstaatlern nur
15 Prozent belustigt und 85 Prozent wütend. Bei einer
weiteren Studie wurden bei den Südstaatlern starke physiologische Reaktionen auf den Rempler festgestellt, insbesondere ein deutlich erhöhter Wert des Stresshormons
Cortisol und darüber hinaus mehrere Anzeichen eines er-
höhten Testosteronniveaus, während bei den Nordstaatlern keinerlei physiologische Reaktionen nachgewiesen
werden konnten.

Wenn Sie als Südstaatler – oder vielleicht sogar Cow-
boy – aufgewachsen sind, dann, so lautet die Erkenntnis
aus diesen Experimenten und einer Vielzahl weiterer Studien, sind sie zwar die meiste Zeit über höflicher als Ihre
Kollegen, aber wenn Ihnen ein auch nur mäßig übles
Arschloch über den Weg läuft, neigen Sie dazu, auszuras-
ten und damit eine Arschlochinfektion in Gang zu setzen.

Zum guten Schluss:
Arschloch, erkenne dich selbst

Dave Sanford hat 2006 in Stanford seinen Abschluss gemacht. Dave war, zum Teil wegen seines ausgeprägten
Selbstbewusstseins und weil er ebenso brillant wie char-
mant ist, einer meiner absoluten Lieblingsstudenten aller
Zeiten. Als ich Dave von diesem Buch erzählte, gestand er
mir, dass ihn zu Beginn seines Studiums mehrere Kommilitonen für einen Kotzbrocken gehalten hätten, weil sie
mit seinem Sinn für Humor und insbesondere seiner
Angewohnheit, selbst dann, wenn er einen Witz machte,
völlig ernst zu bleiben, nicht zurecht gekommen seien.
Dave bemühte sich sehr zu verstehen, wie die anderen ihn
wahrnahmen, und die Eigenarten abzulegen, die Leute,

die ihn weniger gut kannten, dazu verleitete, ihn für einen Widerling zu halten – und zeigte mir den Anstecker, den ihm sein Bruder gegeben hatte, um ihn bei seinem Kreuzzug zu unterstützen. Darauf stand:

ZU ERKENNEN, DASS MAN EIN ARSCHLOCH IST, IST DER 1. SCHRITT. Dieser Satz bringt einen Großteil dessen, was in diesem Kapitel steht, auf den Punkt. Um Ihren inneren Mistkerl daran zu hindern, nach außen zu dringen, müssen Sie sich der Menschen und der Orte bewusst sein, die Sie zu einem Arschloch machen. Denken Sie daran: Wer das Leben als einen gnadenlosen Wettkampf sieht, in dem der Gewinner alles bekommt, läuft Gefahr, selbst zu einem Arschloch zu werden. Und achten Sie darauf, wie andere Menschen Sie sehen, selbst wenn dieses Fremdbild nicht Ihre wahren Absichten widerspiegelt. (Wie Dave könnten Sie lernen, die Leute davon abzuhalten, Ihnen das Etikett »Widerling« zu verpassen.) Das Fazit dieses Kapitels lautet also: *Erkenne dich selbst* – denn damit hat derjenige, der sich nicht wie ein Arschloch aufführen oder nicht als Arschloch gelten will, den ersten Schritt getan.

Über die Jahre hinweg habe ich mehrere Jugendsport-
mannschaften trainiert und tue das auch heute noch. Und
manchmal wünsche ich mir, ich hätte ein paar von Daves
Ansteckern, um sie den unerträglichen Eltern ans Revers
zu heften, die von den Seitenlinien aus Beleidigungen, zumeist höchst dumme Kommentare und unerwünschte
Ratschläge auf das Feld brüllen – und damit die Kinder
unter Druck setzen und das Spiel in eine für alle Beteilig-
ten unerfreuliche Erfahrung verwandeln. Manche dieser
herrschsüchtigen Eltern gehören zu den ahnungslosesten
und zugleich fanatischsten Arschlöchern, die mir jemals
untergekommen sind. Letztes Jahr betreute ich als Assis-
tenztrainer eine Fußballmannschaft von neunjährigen
Mädchen. Mit die hässlichste Szene war, als sich einer unserer »Väter« so sehr über die Entscheidung des Schieds-
richters aufregte, dass er im laufenden Spiel auf das Feld
stürmte und den Schiedsrichter beschimpfte. Als ich den
Mann bat, vom Feld zu gehen, weil er sowohl gegen die
Regeln wie auch den Geist des Spiels verstieß, wurde er so
wütend – seine Venen traten hervor und er fing an, mich
alles Mögliche zu heißen –, dass ich glaubte, er würde
mich gleich schlagen.

Nach diesem und ähnlichen Vorfällen halte ich es für
angebracht, für den Jugendsport die existierenden Fußball-
regeln über unsportliches Verhalten von Spielern derart
zu ergänzen, dass die Schiedsrichter sich ungebührlich be-
nehmenden Eltern die gelbe und – im Fall wiederholt oder
exzessiv ausfälligen Verhaltens – die rote Karte zeigen können, um sie damit für zehn Minuten beziehungsweise für
das gesamte Spiel von der Seitenlinie zu verbannen. Vielleicht könnte das und die damit verbundene öffentliche
Bloßstellung einigen dieser Väter und Mütter helfen, ein
offenkundig dringend benötigtes Mindestmaß an Selbsterkenntnis zu entwickeln – und die Kinder bei ihren Spielen vor diesen verheerenden Rollenmodellen schützen.

Ich habe bereits von einer Methode gesprochen, wie man zu einer solchen Selbsterkenntnis und Selbstkontrolle gelangen kann, und zwar indem man anhand der Reaktionen der Menschen um einen herum und durch den Blick in die eigene Vergangenheit das Risiko abzuschätzen – und vielleicht auch zu vermindern – lernt, dem Arschlocherreger zu erliegen oder ihn weiterzuverbreiten. Sie können aber auch einen direkteren Weg zur Selbsterkenntnis wählen und eine persönliche Arschlochprüfung durchführen.

Falls Sie an »Echtzeit-Informationen« interessiert sind, empfehle ich Ihnen ein von Anmol Madan am MIT Media Lab entwickeltes Gerät namens »Jerk-O-Meter«, eine Art »Arschlochdetektor«, der anzeigt, wann man sich unaufmerksam oder rücksichtslos verhält. Der Jerk-O-Meter wird ans Telefon angeschlossen und liefert per elektronischer Sprachanalyse ein sofortiges Feedback über die gerade sprechende Person im Hinblick auf Faktoren wie Stress und Einfühlungsvermögen und einen so genannten »overall jerk factor«, der ihr Gesamtverhalten anzeigt. »Die mathematischen Modelle für den Jerk-O-Meter basieren«, so die MIT-Forscher, »auf mehreren am Media Lab durchgeführten wissenschaftlichen Experimenten. Bei diesen Studien wurde bewertet, ob und wie sich aus Stimmlage und Sprachmuster einer Person auf ihr Interesse an dem Gespräch, daran, sich zu einem Date zu verabreden, oder an ihrer Bereitschaft, ein bestimmtes Produkt zu kaufen, schließen lässt. Unsere Ergebnisse belegen, dass man aus den verbalen und tonalen Reaktionen einer Person mit einer Zuverlässigkeit von 75 bis 85 Prozent objektive Ergebnisse ableiten kann (beispielsweise das Interesse an dem Gespräch oder an einer Verabredung).«

Mir gefällt der Jerk-O-Meter, weil er erfasst, wie sich jemand *in genau diesem Moment* verhält. Schließlich lautet eine der Grundthesen dieses Buches, dass die Anti-

Arschloch-Regel – egal, was Sie sagen, welche Maßnahmen Sie ergreifen und wie lauter Ihre Absichten sein mögen – überhaupt nichts bringt, solange Sie nicht den Menschen *direkt vor Ihnen genau jetzt auf die richtige Weise behandeln.*

Leider ist der Jerk-O-Meter noch nicht im Handel erhältlich. Aber selbst wenn er das einmal sein sollte, misst er nicht alles, was Sie tun (nur Ihr Sprachmuster und Ihre Stimmlage), und bewertet auch nicht, wie Ihr Gesprächs-

partner auf Sie reagiert. Deshalb habe ich einen kleinen
Selbsttest entwickelt (s. S. 120), anhand dessen Sie feststellen können, ob Sie ein amtliches Arschloch sind. Dieser
Test basiert zwar auf den hier vorgestellten Forschungs-
erkenntnissen und Ideen, wurde aber noch keiner rigoro-
sen wissenschaftlichen Validierung unterzogen. Dennoch
glaube ich, dass er Ihnen als nützliches Instrument zum
Einstieg in Ihre persönliche »Arschlochprüfung« dienen
kann.

Markieren Sie zunächst jede der 24 Aussagen, die auf
Sie zutrifft, mit einem Häkchen (nicht zutreffende ignorieren Sie). Denken Sie daran, dass dies nur ein improvisier-
ter Test ist, aber nehmen Sie sich dennoch die Zeit, darauf
zu achten, wohin Sie Ihr Häkchen setzen. Sie könnten
überrascht sein.

Wenn Sie Wert auf zuverlässigere Daten legen, folgen
Sie dem Beispiel von Michael Dell und finden Sie heraus,
was die anderen tatsächlich über Sie denken. Nehmen
Sie dazu einfach die Liste und ersetzen Sie bei den ersten
18 Aussagen »Sie« durch Ihren Namen. Angenommen,
Sie heißen Chris, dann würde die erste Aussage so lauten:
»Chris fühlt sich von lauter inkompetenten Idioten umgeben – und kann hin und wieder nicht anders, als ihnen
die Wahrheit zu sagen.« Wenn Sie die Anonymität der Leute, die die Umfrage über Sie beantworten, nicht garantie-
ren können, müssen Sie damit rechnen, dass diese Sie bewusst *nicht* als Arschloch bewerten. Wenn Sie nämlich ein
anerkannter Kotzbrocken sind, werden die Leute Ihren
Zorn und Ihre Rache fürchten. Haben Sie den Selbsttest
korrekt durchgeführt und deuten alle Zeichen darauf hin,
dass Sie ein Fiesling sind, sollten Sie sich nochmals und ein-
gehender mit den in diesem Kapitel gemachten Vorschlägen beschäftigen. Und vergessen Sie nicht: Dass Sie ein
Arschloch mit dem Mut sind, das offen zuzugeben, heißt
noch lange nicht, dass Sie dazu befähigt wären, sich selbst,

Ihren fiesen Kollegen und dem Unternehmen dabei zu helfen, das Problem in den Griff zu bekommen. Oder, wie mein Sohn Tyler gern sagt: *»Dass du an einem Gebrechen leidest, heißt noch lange nicht, dass du ein Experte auf diesem Gebiet bist.«*

Zusammen bilden dieses und das vorherige Kapitel einen Eins-zwei-Schlag[3] zur effektiven Umsetzung der Anti-Arschloch-Regel. Wenn Sie die Regel in Ihrer Organisation durchsetzen *und* es schaffen, sich nicht selbst mit dem Arschlocherreger zu infizieren und ihn nicht weiterzugeben, setzen Sie damit einen positiven Kreislauf in Gang, der ein dauerhaft zivilisiertes Arbeitsumfeld hervorbringt. Leider ist das Leben nicht immer nur gut zu uns und es gibt Zeiten, in denen Menschen gezwungen sind, einen Job in »Jerk City«, sprich in einer von Arschlöchern verseuchten Organisation anzunehmen, oder, nachdem Sie das getan haben, in dem Job feststecken (oder das zumindest glauben). An diese Leute richtet sich das nächste Kapitel, in dem es darum geht, wie man an einem Arbeitsplatz überlebt, an dem jeder das Gefühl hat, er wäre auf der Arschlochallee unterwegs.

[3] Begriff aus dem Boxen: schnelle Folge von Führungs- und Schlaghand (A. d. Ü.).

Selbsttest: Bin ich ein amtliches Arschloch?
Anzeichen dafür, dass Ihr innerer Mistkerl sein hässliches Gesicht zeigt

Hinweis zum Ausfüllen: Markieren Sie jede Aussage, die Ihrer Meinung nach Ihre typischen Gefühle und Interaktionen mit anderen am Arbeitsplatz zutreffend beschreibt, mit einem Häkchen.

Wie reagieren Sie aus dem Bauch heraus auf andere?

__ 1. Sie fühlen sich von lauter inkompetenten Idioten umgeben – und können hin und wieder nicht anders, als ihnen die Wahrheit zu sagen.

__ 2. Sie waren ein netter Mensch, bis Sie angefangen haben, mit diesen Schleimern hier zu arbeiten.

__ 3. Sie vertrauen den Menschen um sich herum nicht und sie Ihnen auch nicht.

__ 4. Kollegen sind für Sie Konkurrenten.

__ 5. Sie sind überzeugt, dass der schnellste Weg an die Spitze der Karriereleiter über den Rücken anderer Leute führt.

__ 6. Sie genießen es insgeheim, wenn Sie sehen, wie andere leiden und sich winden.

__ 7. Sie sind häufig eifersüchtig auf Ihre Kollegen und es fällt Ihnen schwer, echte Freude über deren Erfolge zu empfinden.

__ 8. Sie haben wenige enge Freunde und viele Feinde, und auf beides sind Sie gleichermaßen stolz.

Wie behandeln Sie andere?

__ 9. Manchmal können Sie Ihre Verachtung gegenüber den Verlierern und Deppen an Ihrer Arbeitsstelle einfach nicht mehr unterdrücken.

__10. Sie finden es hilfreich, wenn Sie einige der Idioten in der Arbeit bewusst anstarren, beleidigen oder gelegentlich sogar anbrüllen, weil die sich sonst doch nie am Riemen reißen würden.

__11. Sie kassieren die Lorbeeren für die Erfolge Ihres Teams – und warum auch nicht? Ohne Sie würde Ihr Team nichts zustande bringen.

__12. Sie genießen es, bei Meetings »unschuldige« Kommentare einzustreuen, die keinen anderen Zweck verfolgen, als die Zielperson zu erniedrigen oder ihr Probleme zu bereiten.

__13. Sie sind schnell dabei, auf die Fehler anderer Leute hinzudeuten.

__14. Sie machen keine Fehler. Wenn etwas schief geht, finden Sie immer einen Idioten, dem Sie die Schuld in die Schuhe schieben können.

__15. Sie fallen anderen Leuten laufend ins Wort, schließlich ist das, was Sie zu sagen haben, viel wichtiger.

__16. Sie schmieren Ihrem Boss und anderen mächtigen Leuten unablässig Honig ums Maul und erwarten, von Ihren Untergebenen ebenso behandelt zu werden.

__17. Ihre Witze und Späße können manchmal ganz schön gemein sein, was aber nichts daran ändert, dass Sie sie trotzdem für ziemlich lustig halten.

__18. Sie lieben Ihr eigenes Team und Ihr Team liebt Sie, führen aber laufend Krieg mit dem Rest der Organisation. Sie behandeln alle anderen wie ein Stück Mist, schließlich gilt: Wenn jemand nicht in meinem Team ist, dann ist er entweder irrelevant oder ein Feind.

Wie reagieren die anderen auf Sie?

__19. Sie haben das Gefühl, dass die Leute im Gespräch mit Ihnen Augenkontakt vermeiden – und dass sie häufig sehr nervös werden.

__20. Sie haben das Gefühl, dass die Leute in Ihrer Gegenwart immer sehr vorsichtig mit dem sind, was sie sagen.

__ 21. Sie erhalten auf Ihre E-Mails immer wieder feindselige Antworten, was häufig in regelrechte »Hass-E-Mail«-Kriege mit diesen Mistkerlen ausartet.

__ 22. Sie haben das Gefühl, dass die Leute zögern, Ihnen persönliche Informationen preiszugeben.

__ 23. Sie haben das Gefühl, dass die Stimmung sinkt, wenn Sie auftauchen.

__ 24. Sie haben das Gefühl, dass die Leute auf Ihr Erscheinen häufig mit der Ankündigung reagieren, sie müssten jetzt gehen.

Auswertung:

Zählen Sie zusammen, wie viele Aussagen Sie mit einem Häkchen markiert haben. Wie gesagt, das hier ist kein wissenschaftlicher Test, aber meiner Meinung nach sind Sie:

0 bis 5 Häkchen:	kein amtliches Arschloch, es sei denn, Sie haben sich selbst hinters Licht geführt;
5 bis 15 Häkchen:	knapp unter der Schwelle zum amtlichen Arschloch und sollten vielleicht anfangen, Ihr Verhalten zu ändern, bevor es noch schlimmer wird;
15 oder mehr Häkchen:	definitiv ein amtliches Arschloch. Suchen Sie Hilfe, und zwar sofort. Aber kommen Sie damit bitte nicht zu mir, ich würde es nämlich vorziehen, Sie nicht kennen lernen zu müssen.

5

Wo Arschlöcher herrschen: Tipps, wie man gemeine Leute und Arbeitsplätze überlebt

Millionen von Menschen fühlen sich in Organisationen gefangen, die eher nach der »Pro-Arschloch-« als der »Anti-Arschloch-Regel« funktionieren. Mitarbeiter, die kontinuierlich Mobbing ausgesetzt sind oder Zeuge davon werden, kündigen ihre Stelle häufiger als solche, die in zivilisierten Organisationen arbeiten.

Nach Schätzungen von Charlotte Rayner und Loraleigh Keashly geben 25 Prozent der Opfer und 20 Prozent der Augenzeugen von Mobbingattacken ihren Job auf, während die normale Kündigungsquote bei rund fünf Prozent liegt. Viele Leute hängen aus finanziellen Gründen in einer unmenschlichen Arbeitsumgebung fest – sie haben keine Möglichkeit, einen anderen Job zu finden, zumindest keinen, der ebenso gut bezahlt wäre. Aber selbst gute Jobs an zivilisierten Orten bieten keine Garantie gegen Kontakte mit gemeinen Menschen, was insbesondere für den Dienstleistungssektor gilt. Die Aussage, dass sie immer wieder einmal Ausfälligkeiten von herabwürdigenden Kunden und Klienten »schlucken müssen«, habe ich so oder anders formuliert von JetBlue-Stewardessen, 7Eleven-Verkäufern, Starbucks-Serviererinnen, Darstellern von Disneyfiguren in Disneyland, Professoren an Wirtschaftsschulen oder McKinsey-Beratern gehört.

Aber auch Leute, die bereits zur Kündigung entschlossen sind, finden sich häufig noch Wochen oder Monate mit ihrem Leid ab, bevor sie dann tatsächlich gehen. Ein Leser der *Harvard Business Review* schrieb mir, dass im

Management seiner Softwarefirma »Widerlinge« säßen, die ihre Angestellten unter unerträglichen Druck setzen und ihnen das Gefühl verleihen würden, »wertlos zu sein«, mit der Folge, dass die besten Programmierer reihenweise kündigten – aber erst, wenn sie einen neuen Job sicher hätten. Andere Leute wiederum finden sich – zumindest befristet – mit einer miesen Behandlung ab, weil sie versprochen haben, ein bestimmtes Projekt zu Ende zu bringen oder weil sie den Bonus zum Jahresende noch mitnehmen möchten, ihre Aktienoptionen noch nicht einlösen können oder noch warten müssen, bis sie einen Pensionsanspruch erworben haben. Unabhängig davon aber, ob Sie nur noch eine kurze Zeit absitzen oder auf lange Sicht hinaus die Gesellschaft eines Haufens Arschlöcher ertragen müssen, gibt es Mittel und Wege, das Beste aus dieser unglücklichen Situation zu machen.

Beginnen wir mit der Strategie, der sich eine Managerin eines Unternehmens im Silicon Valley bediente, um ihre übel gesinnten Kollegen zu überleben. Ruth, wie ich sie hier zum Schutz sowohl der Unschuldigen wie auch der Schuldigen nennen möchte, geriet vor einigen Jahren in einen hässlichen »politischen« Kampf mit einer »Bande von Arschlöchern«, die sie in Meetings regelmäßig schlecht machten, ihr ins Wort fielen und sie mit bösen Blicken bedachten. Immer wieder kritisierten sie, was Ruth tat, und torpedierten ihre Lösungsvorschläge, boten selbst jedoch nur selten eigene konstruktive Vorschläge an. Stattdessen schlugen sie harte Maßnahmen vor (beispielsweise die Kündigung von Leuten, die die Leistungsvorgaben nicht erfüllten), hatten aber nicht den Mumm, ihrem Machogerede Taten folgen zu lassen – was hieß, dass Ruth die Drecksarbeit machen musste.

Darüber hinaus wiesen diese aufgeblasenen Schreibtischtiger Ruth mehrfach an, bestimmte Maßnahmen durchzuführen, nur um sie dann dafür zu kritisieren, dass sie *genau* das tat, was sie von ihr verlangt hatten. Ruth versuchte sich zu wehren, jedoch ohne Erfolg. Obwohl sie den Sturm überstand und ihre Position behielt, hatte die Sache nicht nur ihr Selbstvertrauen tief erschüttert, sondern sie sowohl körperlich wie emotional völlig ausgezehrt. Ruth verlor Gewicht und litt noch Monate später unter massiven Schlafproblemen.

Drei Jahre später drohte sich die ganze hässliche Affäre zu wiederholen, mit denselben Leuten und denselben miesen Tricks. Dieses Mal ging Ruth mit offenen Augen in den Kampf, fest entschlossen, ihn durchzustehen, ohne sich von ihnen »drankriegen« zu lassen. Ruths Strategie basierte auf einem Ratschlag, den sie als Teenager von ihrem Bootsführer bei einer Wildwassertour auf dem American River in Kalifornien erhalten hatte: Wenn du in den Stromschnellen aus dem Boot fällst, versuch nicht, gegen die Strömung anzukämpfen – vertrau einfach auf deine Schwimmweste und leg dich mit den Füßen voraus in die Strömung. So kannst du dich, wenn du gegen einen Felsen gedrückt wirst, mit den Füßen abstoßen, deinen Kopf schützen und Kraft sparen. Wie sich zeigte, ging Ruth über Bord, und zwar in einem als »Satan's Cesspool« – Satans Senkgrube – berüchtigten Abschnitt des Flusses. Der Ratschlag des Bootsführers funktionierte perfekt: Nach einem mit den Füßen voraus überstandenen wilden Trip durch die Stromschnellen kam Ruth an eine ruhige Stelle im Fluss und schwamm hinüber zum Boot, das an einem kleinen Strand auf sie wartete.

Ruth erinnerte sich an diese Strategie, als sie in eine andere Art Senkgrube hineingeriet, ein Meeting – das erste von mehreren –, in dem sie und einige andere mit persönlichen Angriffen, anzüglichen Blicken und ungerechtfertigten Schuldzuweisungen bedacht wurden. Der Arschlocherreger breitete sich wie ein Buschfeuer aus und infizierte selbst Leute, die ansonsten sehr umgänglich und einfühlsam waren. Dann, als Ruth ihre Beine unter dem Tisch ausstreckte, fiel ihr der Ratschlag des Bootsführers ein. »Diese Arschlöcher hier«, sagte sie sich, »haben mich gerade aus dem Boot geschmissen.« Und dann: »Ich weiß, wie ich das überleben kann.«

Statt sich als Opfer zu sehen, fühlte sie sich auf einmal stark. Wenn sie, erkannte Ruth, nicht in Panik geriet und sich einfach »mit den Füßen voraus« in die Strömung legte, würde sie das Schlamassel unbeschadet und mit genug Kraft für alles, was danach noch kommen würde, überstehen. Nach diesem ersten Meeting weihte sie eine Managementkollegin, die ebenfalls schlecht gemacht und gemobbt wurde, in ihre Strategie ein – und ihre Kollegin setzte sie mit demselben Erfolg ein. Dass die Strategie funktionierte, da waren sich beide »Ziele« einig, lag daran, dass sie – statt sich als Schwächlinge zu fühlen, weil sie sich einfach mittreiben ließen – das Gefühl hatten, selbst zu handeln und sich von den Felsen abzustoßen, die diese Kotzbrocken ihnen in den Weg warfen. Aus diesem Gefühl schöpften sie Kraft, und immer wieder schickten sie den anderen Opfern Nachrichten, in denen sie sie daran erinnerten, »einfach mit den Füßen voraus« die Sache durchzustehen. Beide überstanden das Martyrium mit intaktem Selbstvertrauen und intakter Energie. Statt sich auf das Niveau der Mobber hinabzubegeben und das von ihnen versprühte Gift zurückzuschießen, blieben sie ruhig und halfen anderen durch den Sturm. Sie fanden subtile Methoden, die schlimmsten Arschlöcher zu »outen«, den von ihnen ihren Opfern und dem Unternehmen zugefügten Schaden publik zu machen. Und hatten nach der ganzen Tortur noch die Kraft und das Selbstvertrauen, sich woanders zu bewerben.

Ruths »Satan's Cesspool«-Strategie« enthält zwei Schlüsselelemente, die Ihnen helfen können, Ihre mentale und Ihre physische Gesundheit zu schützen – und Ihren

Job zu machen –, selbst wenn Sie von einer Horde mör-
derischer Mobber in die Mangel genommen werden. Zum
einen schaffte Ruth es, die Gemeinheiten, denen sie ausgesetzt wurde, auf eine Weise umzudeuten, die ihr half,
sich emotional – bis hin zur offenen Missachtung – von den
Arschlöchern und dem, was sie ihr antaten, zu distanzieren. Zum anderen kämpfte Ruth nicht gegen Kräfte an, die
sie nicht beherrschen konnte. Stattdessen konzentrierte
sie sich darauf, hier und da die Oberhand zu gewinnen,
beispielsweise dadurch, dass sie anderen Opfern im Umgang mit den Mobbern half, ihnen ihre Strategie beibrachte, sie emotional unterstützte und dazu anhielt, den guten
Leuten um sie herum beizustehen. Außerdem ging Ruth
in kleine Kämpfe, die sie gewinnen konnte, und unter-
grub mit kleinen Attacken das Ansehen der schlimmsten
Quälgeister. Statt große Schlachten zu führen, die sie nur
verlieren konnte und ihr wie schon beim ersten Mal nur
Energie und Selbstbewusstsein rauben würden, suchte sie
dieses Mal *kleine Erfolge,* die ihr Selbstvertrauen stärkten
und ihr das Gefühl verliehen, die Sache kontrollieren zu
können.

Reframing: Die Dinge anders sehen

Kann man die Ursache einer psychischen Belastung nicht
abstellen, dann, so haben Psychologen herausgefunden,
kann man die negative Auswirkung reduzieren, indem
man das, was einem angetan wird, anders sieht oder, anders ausgedrückt, sich »umdeutet«. Diese als Reframing –
Umdeutung – bezeichnete Technik schließt einige hilfrei-
che Tricks ein, darunter Selbstbeschuldigungen vermeiden,
auf das Beste hoffen, aber das Schlimmste erwarten und,
meine Lieblingsstrategie, Indifferenz und emotionale Distanz entwickeln. Zu lernen, wann und wie man keinen roten Heller gibt, gehört zwar nicht gerade zu der Art Rat-

schlag, die man für gewöhnlich in Wirtschaftsbüchern zu lesen bekommt, aber es kann einem helfen, das Beste aus einer beschissenen Situation zu machen.

Wenn Menschen, wie die Forschungsarbeiten des Psychologen Martin Seligman zum »erlernten Optimismus« zeigen, Probleme als *temporär* begreifen, als *nicht von ihnen verschuldet* und als *etwas, das nicht von Dauer ist und den Rest ihres Lebens nicht ruinieren wird*, schützt dieser »Bezugsrahmen« ihre geistige und körperliche Gesundheit und stärkt ihre Widerstandskraft. Noreen Tehrani ist eine in Großbritannien tätige psychologische Beraterin mit umfangreichen Erfahrungen in der Arbeit mit Opfern von Mobbing am Arbeitsplatz. In den Erstgesprächen mit den Opfern bekommt sie, sagt Tehrani, häufig »irrationale« Gedanken wie »Darüber werde ich nie hinwegkommen«, »Ich muss etwas falsch gemacht haben, sonst wäre mir das nie passiert« und »Alle hassen mich« zu hören.

Tehrani arbeitet mit einer auf Seligmans Forschungen basierenden »kognitiven Verhaltenstherapie«, um den Opfern zu helfen, solche irrationalen Überzeugungen als »Hypothesen und weniger als Tatsachen« zu sehen und einen anderen, optimistischeren Bezugsrahmen in der Konfrontation mit Mobbern zu entwickeln. Auch Ruths Strategie enthielt Elemente von Tehranis Ansatz, was daraus ersichtlich wird, wie sie den Konflikt beim ersten und wie sie ihn beim zweiten Mal für sich deutete. »Beim zweiten Mal«, sagte Ruth zu mir, »erkannte ich, dass es nicht mein Fehler war und ich keinen Grund hatte, mir die Schuld zu geben.« Mit Hilfe ihrer »Satans Senkgruben«-Strategie« gelang es ihr, die Auseinandersetzungen mit der Bande von Arschlöchern als eine vorübergehende Tortur zu sehen, die ein Ende haben und die sie »in einem Stück« überstehen würde.

In den Disneyparks lernen die Mitarbeiter (die so genannten »Cast Members«) eine vergleichbare Strategie zum

Umgang mit »unbeherrschten« Besuchern. Trainer des Unternehmens bringen den Mitarbeitern bei, wie man vermeidet, weder sich selbst noch den aufgebrachten Besuchern die Schuld zuzuweisen. In den Einführungsseminaren an der Disney University, wie ich dank einer meiner ehemaligen Studentinnen weiß, die in den Seminaren fleißig mitschrieb, weisen die Ausbilder darauf hin, dass zwar 99 Prozent aller Gäste sehr umgänglich sind, der eigentliche Test aber kommt, wenn man inmitten einer wütenden achtköpfigen Familie steht und von allen Seiten Vorwürfe auf einen niederprasseln. In einer solchen Situation, wurde den neuen Mitarbeitern gesagt, sollten sie sich all die schlimmen Dinge vorstellen, die die Familie erlebt haben mochte, um dermaßen feindselig zu reagieren (vielleicht hatten sie gerade eben eine Autopanne gehabt oder waren vom Regen durchnässt worden), statt die Attacken persönlich zu nehmen (schließlich konnten sie ja nichts dafür).

Darüber hinaus wurde den neuen Mitarbeitern eingeschärft, die Beschimpfung als etwas zu sehen, was nicht lange andauert (schließlich sind die meisten Gäste ja nett), und sich davon nicht »den Tag ruinieren zu lassen«. Stattdessen sollten sie »einfach weiter lächeln« und »die Leute wie VIPs behandeln«, weil das positive Interaktionen mit anderen Besuchern erzeugt und vielleicht sogar die Leute, die einen gerade anschreien, dazu bringt, sich eines Besseren zu besinnen. Der Prozentanteil gemeiner Leute in Ruths Unternehmen war zwar höher als der in einem Disneypark, aber der »optimistische« Stil, den sie sich zulegte, hat viel gemeinsam mit dem, wie die Mitarbeiter von Disney Auseinandersetzungen mit durchgedrehten Besuchern zu deuten lernen.

Auf das Beste hoffen, das Schlimmste erwarten

Erniedrigende Zusammenstöße positiv umzudeuten kann, wie Seligmans Forschungen und Ruths Erfahrung zeigen, Ihnen helfen, Ihre psychische und physische Gesundheit zu bewahren. Andererseits kann ungezügelter Optimismus, insbesondere wenn man über längere Zeit hinaus gemobbt wird, das Selbstwertgefühl und das Vertrauen der Opfer untergraben. Unverdrossen darauf zu hoffen, all diese hochgradigen Kotzbrocken in nette Zeitgenossen verwandeln zu können, ist ein sicheres Rezept dafür, wie man sich eine Ernüchterung nach der anderen einhandelt. Wer glaubt, dass sich eines schönen Tages all diese Arschlöcher plötzlich bei ihm entschuldigen und ihn um Verzeihung bitten oder zumindest anfangen würden, ihn mit Respekt zu behandeln, fordert damit nur Enttäuschungen und Frustration heraus.

Emotionspsychologen zufolge ist der Unterschied zwischen dem, was Sie erwarten, und dem, was Sie im Leben tatsächlich erreichen, entscheidend dafür, wie glücklich Sie sind. Mit anderen Worten: Wer immerzu erwartet, dass ihm etwas Gutes widerfährt, es dann aber nicht so oder gar noch schlimmer kommt, wird sich permanent unglücklich fühlen. Der Trick besteht, wie uns Ruths Beispiel gezeigt hat, darin, nicht darauf zu hoffen, dass die Arschlöcher sich ändern werden. Hegen Sie, was das angeht, keine allzu großen Erwartungen, aber halten Sie an dem Glauben fest, dass Sie sich, wenn dieses Martyrium erst einmal vorbei ist, großartig fühlen werden. So vermeiden Sie es, von den anhaltenden Gemeinheiten Ihrer Kollegen überrascht oder enttäuscht zu werden. Und wenn sie Sie hin und wieder völlig unerwartet nett behandeln sollten, können Sie diese erfreulichen Überraschungen genießen, ohne sich hinterher zu grämen, wenn sie wieder die bösen Buben geben.

Wie effektiv (und gefährlich) es ist, die eigenen Erwar-

tungen herunterzuschrauben und zu akzeptieren, dass Ihr
Boss ein Widerling ist, belegt ein in *Gig* abgedrucktes Interview mit einem Drehbuchassistenten, der für diesen
Zweck das Pseudonym »Jerrold Thomas« erhielt. Sein
Job bestand darin, für einen hitzköpfigen, in dem Interview »Brad« genannten Hollywood-Produzenten Dreh-
bücher zu lesen und zu bewerten (und auch sonst alles zu
machen, was ihm aufgetragen wurde). Brad erwartete von
Jerrold, dass dieser jeden Tag von 6.30 bis 23 Uhr im Büro
war, rief ihn regelmäßig um drei Uhr morgens mit zusätzlichen Aufgaben an und rastete aus, wenn nicht Brad, sondern der Anrufbeantworter antwortete. Der Job, sagte Jerrold in dem Interview, sei ein »einziger Stress« und Brad ein
Boss, der »mich mobbt und als dumm und so beschimpft«.
Als Jerrold einmal ein »Meeting hinter verschlossenen Tü-
ren« zwischen Brad und einem Regisseur unterbrach, um
(wie Brad ihm aufgetragen hatte) dem Regisseur eine Pa-
ckung Zigaretten zu bringen, flippte Brad völlig aus. Er
folgte ihm hinaus auf den Flur, würgte ihn und beschimpfte ihn als »Vollidioten«. Auf Jerrolds Entgegnung hin, er
habe doch nur seine Anweisungen befolgt, hieb Brad »mit
beiden Fäusten« auf ihn ein.

Eine Strategie, mit der es Jerrold gelang, diese Behandlung zu überleben, bestand darin, seine Erwartungen he-
runterzufahren. »Natürlich würde ich«, drückte er es aus,
»mir wünschen, dass Brad etwas netter zu seinen Untergebenen ist und nicht herumschreit. Aber ich weiß, dass
dieser Wunsch unrealistisch ist, weil für alle zu viel Geld
auf dem Spiel steht, um sich wie gottverdammte Heilige
aufzuführen.« Jerrold überstand die miesen Zeiten auch,
indem er die Momente genoss, wenn Brad nett zu ihm war
und seine Meinung respektierte, und weil er daran dachte,
was es ihm für die Zukunft bringen könnte, wenn er dieses
Martyrium durchstünde, dass Brad ihm helfen könnte,
seinerseits lukrative Deals abzuschließen. Allerdings war

sich Jerrold nicht so sicher, ob diese Rechnung für ihn tatsächlich aufgehen würde. »Wahrscheinlich«, sagte er, »werde ich bis zum Nervenzusammenbruch hier bleiben.«

Jerrolds Geschichte zeigt, wie man, wenn man seine Erwartungen reduziert, sich auf die guten Dinge konzentriert und an ein gutes Ende glaubt, eine ansonsten furchtbare Situation durchstehen kann. Im Guten wie im Schlechten half diese Einstellung Jerrold dabei, einen Boss zu ertragen, den vor ihm kaum jemand lange ausgehalten hatte – in den vier Monaten, bevor Jerrold den Job übernahm, hatte Brad nicht weniger als zehn Assistenten verschlissen.

Indifferenz und emotionale Distanz entwickeln

Leidenschaft ist eine im organisatorischen Leben überbewertete und Indifferenz eine unterbewertete Eigenschaft. Das steht im Widerspruch zu dem, was in den meisten Wirtschaftsbüchern zu lesen ist, die gemeinhin die magische Wirkung tief empfundener, authentischer Leidenschaft auf Arbeit, Organisation, Kollegen und Kunden preisen. Managementguru Tom Peters spricht seit über 20 Jahren davon, wie wichtig Enthusiasmus für das eigene Unternehmen und seine Kunden und Stolz darauf seien. Der ehemalige AES-CEO Dennis Bakke tritt dafür ein, ein Arbeitsumfeld zu schaffen, das den Menschen Spaß und Freude bei der Arbeit vermittelt und sie emotional erfüllt. Jim Collins rät Unternehmensführern in seinem Bestseller *Good to Great* (dt. Ausgabe: *Der Weg zu den Besten*, München 2001) nur »Einser-Leuten«, die leidenschaftlich genug sind, »Eins-plus-Leistungen« zu bringen, Sitze »im Bus« zu geben. Und Southwest Airlines versucht nicht nur, wie wir in Kapitel 3 gesehen haben, keine Mistsäcke einzustellen, sondern sucht und fördert gezielt Mitarbeiter, die Leidenschaft für ihre Kollegen, Kunden und das Unternehmen verströmen.

All das, was über Leidenschaft, Engagement und Identifikation mit dem Unternehmen geschrieben und gesagt
wird, ist richtig, *wenn* man in einem guten Unternehmen
arbeitet und mit Würde und Respekt behandelt wird. *Aber*
es ist heuchlerischer Unsinn für die vielen Millionen Menschen, die in Jobs und Unternehmen gefangen sind, in denen sie sich unterdrückt und erniedrigt fühlen – für all die,
deren Ziel einzig und allein lautet, mit intakter Gesundheit und intaktem Selbstwertgefühl zu überleben und ihre
Familie zu ernähren, und nicht, großartige Dinge für ein
Unternehmen zu leisten, das sie wie Dreck behandelt.
Unternehmen voller Mitarbeiter, die sich einen Teufel um
ihre Jobs scheren, bringen keine gute Performance, aber
wenn es sich dabei um Unternehmen handelt, die ihre
Mitarbeiter permanent schlecht behandeln, dann haben
Sie meiner Meinung nach auch gar nichts anderes verdient.

Wer in solchen Unternehmen sein Selbstwertgefühl davon abhängig macht, wie die anderen einen behandeln, und
seine ganze Kraft und emotionale Energie in die Arbeit
investiert, riskiert damit nur, ausgebeutet zu werden und
sich selbst zu zerstören. In solchen Situationen ist es aus
Gründen des Selbstschutzes manchmal erforderlich, exakt
das Gegenteil zu tun, sprich zu lernen, wie man *Indifferenz und emotionale Distanz* entwickelt. Wenn Sie Ihren
Job als eine Aneinanderreihung von persönlichen Beleidigungen empfinden, dann konzentrieren Sie sich darauf,
nur das Notwendigste zu tun, schotten Sie sich emotional
gegenüber den Idioten um Sie herum ab und denken Sie
so oft wie nur möglich an andere, erfreulichere Dinge –
haken Sie einfach einen Tag nach dem anderen ab, so
lange, bis sich die Dinge in Ihrem Job zum Guten hin
ändern oder sich ein besserer Job auftut. Wir alle geraten
hin und wieder in beschissene Situationen, die wir ertragen müssen. Keiner von uns hat die absolute Kontrolle

über sein Umfeld und wir alle geraten immer wieder in den Bannkreis schikanöser Menschen, die wir nicht ändern können. Es gibt Zeiten, in denen es das Beste für Ihre geistige Gesundheit ist, keinen roten Heller auf Ihren Job, Ihr Unternehmen und insbesondere auf diese ganzen gemeinen Gestalten zu geben. Der amerikanische Schriftsteller Walt Whitman sagte einmal: »Ignorieren Sie alles, was Ihre Seele beleidigt«, und brachte damit nach meiner Meinung sehr gelungen auf den Punkt, was es heißt, Indifferenz gegenüber erniedrigenden Mistkerlen am Arbeitsplatz oder wo auch immer zu entwickeln.

Laut einigen Wissenschaftlern kann ein »distanziertes Mitgefühl« Menschen helfen, den Burn-out zu vermeiden, der durch die permanente Beschäftigung mit anderer Leute Probleme verursacht wird. Christina Maslach definiert distanziertes Mitgefühl als die für »Beschäftigte im medizinischen Bereich ideale Mischung aus Mitleid mit emotionaler Distanz und einer mehr distanzierten Objektivität«. Doch Maslach hat festgestellt, dass sich Menschen, die in der Medizin und in anderen sozialen Bereichen tätig sind, schwer tun, diese Balance zu wahren: Entweder sorgen sie sich ernsthaft um andere (und riskieren einen Burn-out) oder sie ziehen eine (häufig schlechte) Schau ab, weil ihnen die Leute in Wahrheit gleichgültig sind. Mit anderen Worten: Man kann entweder *echtes Mitgefühl* oder *distanzierte Indifferenz* empfinden, aber soziales Engagement und Leidenschaft ohne emotionale Bindung ist schwierig, wenn nicht gar unmöglich.

Wenn Sie sich nicht aufraffen können, sich um gute Kollegen, Kunden und Arbeitgeber zu kümmern, ist das ein Zeichen, dass Sie eine Auszeit brauchen, dass Sie etwas Neues lernen oder vielleicht nach einem anderen Job suchen sollten. Bis es so weit ist, könnte distanzierte Indifferenz, also die Fähigkeit, sich einen Dreck um andere zu scheren, die beste Methode sein, einen Arbeitsplatz zu überleben, an dem Sie permanent erniedrigt werden. Denken Sie an Ruth, die sich, während sie von ihren Kollegen gemobbt wurde, vorstellte, wie sie mit den Füßen voraus durch Stromschnellen trieb. Ruths Körper saß am Tisch. Aber im Geist hatte sie sich von ihren hinterhältigen Kollegen gelöst. Deren Gemeinheiten wirkten sich nicht auf ihr Selbstwertgefühl aus und deren gehässige Blicke und Worte erreichten sie nicht mehr. Ruth war in einer anderen und besseren Welt.

Kleine Erfolge suchen

Die Fähigkeit, Kontrolle über kleine, scheinbar triviale Dinge zu gewinnen, ist typisch für Menschen, die furchtbare und unbeherrschbare Ereignisse überleben – eine Naturkatastrophe, das Ausgesetztsein auf einer einsamen Insel, eine Geiselnahme, eine Kriegsgefangenschaft. James Stockdale, ein Vizeadmiral der US-Marine, der sich von 1965 bis 1973 in nordvietnamesischer Gefangenschaft befunden hatte, fand heraus, dass alle Kriegsgefangenen, die das Martyrium überlebt hatten, eines gemeinsam hatten: »Wir stellten fest, dass man sich, wenn man allein in einer Zelle sitzt, wo sich die Tür nur ein- oder zweimal am Tag für eine Schüssel mit Suppe öffnet, irgendwann in dieser Isolation und Dunkelheit erkennt, dass man sich irgendeine Art Ritual erschaffen muss, um nicht zu einem Tier zu degenerieren … Bei den meisten von uns drehten sich die Rituale um Gebete, körperliche Übungen und die heimliche Kommunikation mit anderen Gefangenen.« Stockdale und seine Leidensgenossen überlebten, indem sie sich hunderte kleiner Dinge ausdachten, die sie jeden Tag tun konnten, um sich ein Mindestmaß an Kontrolle über ihr Leben zu bewahren – beispielsweise ein Gebet sprechen, ein paar Liegestützen machen oder sich einen neuen Trick ausdenken, wie man seinen Mitgefangenen eine Nachricht zukommen lassen konnte.

Das Gefühl der Kontrolle – die Überzeugung, dass man die Kraft hat, sein Schicksal, und sei es auch nur in ganz kleinen Dingen, zu beeinflussen – kann sich, wie eine Vielzahl von Studien belegt, immens positiv auf das Wohlbefinden von Menschen auswirken. Eine besonders überzeugende Studie zu diesem Thema wurde von Ellen Langer und Judith Rodin in mehreren Altersheimen durchgeführt. Die Bewohner wurden in je zwei vergleichbare Gruppen aufgeteilt. Die einen besuchten einen Vortrag über all die Dinge, die die Pflegekräfte für sie tun konnten, bekamen eine Zimmerpflanze mit dem Hinweis, dass die Mitarbeiter sich um die Pflanze kümmern würden, und schließlich wurde ihnen gesagt, an welchen Abenden sie Filme sehen durften. Die anderen wurden in einem »Motivationsgespräch« nicht nur darüber aufgeklärt, wie wichtig es sei, dass sie ihr Leben selbst in die Hand nähmen, sondern auch gebeten, sich um ihre neue Zimmerpflanze zu kümmern, und sie durften selbst bestimmen, an welchen Abenden sie Fernsehen schauten, zu welcher Uhrzeit sie ihre Mahlzeiten einnahmen, wann sie angerufen werden durften und wie die Möbel in ihren Zimmern gestellt wurden. Scheinbar kleine Dinge, die sich aber massiv auswirkten. Die Altenheimbewohner mit mehr Kontrolle und Entscheidungsfreiheit nahmen nicht nur häufiger an Freizeitveranstaltungen teil und hatten eine positivere allgemeine Lebenseinstellung – eine Folgeuntersuchung 18 Monate später ergab auch, dass die Sterblichkeitsquote in dieser Gruppe um 50 Prozent niedriger war.

Ähnlich argumentiert der Psychologe Karl Weick, dem zufolge es häufig eine befriedigendere und schlüssendlich effektivere Strategie ist, sich nicht auf »große Siege«, sondern auf »kleine Siege« zu konzentrieren. Der Versuch, ein großes Problem auf einen Schlag zu lösen, kann, warnt

Weick, Menschen so überfordern, dass sie sich angesichts der scheinbar unmöglichen Aufgabe machtlos fühlen und in Agonie verfallen. Widmet man sich hingegen mehreren kleinen Aufgaben, hat das den Vorteil, dass man damit unmittelbar spürbare und im Regelfall erfolgreiche Veränderungen bewirken kann. Wie wir an den winzigen Dingen gesehen haben, die Stockdale und die Menschen in den Altersheimen gemacht haben, *kann das Gefühl, Kontrolle zu haben, das Empfinden von Hoffnungslosigkeit und Hilflosigkeit verringern.*

Die meisten großen Probleme, fügt Weick hinzu, lassen sich sowieso nur lösen, indem man sie in kleine, aufeinander folgende Teilaufgaben zerlegt. Es gibt keine magischen Sofortlösungen zur Ausmerzung des Hungers auf der Welt oder zur Rettung der Umwelt –, aber wir können uns diesen Zielen nähern, wenn viele Menschen viele kleine Schritte in die richtige Richtung machen. Ein weiterer Vorteil – im Gegensatz zum Anstreben eines großen Siegs, der einen mächtigeren Gegner zu Gegenmaßnahmen provozieren könnte – besteht darin, dass ein Widersacher möglicherweise denkt, es lohne sich nicht, Ihnen Steine in den Weg zu werfen oder Ihnen Ihre kleinen Siege zu vermiesen – falls er überhaupt davon Notiz nimmt. Doch im Lauf der Zeit können sich viele kleine Siege zu einem großen Triumph über diesen Gegner summieren.

Übertragen auf das Überleben an einem von Arschlöchern verseuchten Arbeitsplatz bedeutet das, dass Sie, wenn Sie nicht entfliehen können, versuchen sollten, hier und da ein wenig Kontrolle zu gewinnen. Überlegen Sie sich kleine Schritte, die Sie gegen den Einfluss der Quälgeister abschirmen. Errichten Sie Refugien der Sicherheit und Unterstützung; allein schon anderen zu helfen ist nämlich gut für Ihre geistige Gesundheit. Suchen Sie, wenn ein Sieg im großen Krieg gegen die Widerlinge aussichtslos erscheint, nach Gelegenheiten zu kleinen Schlachten, die Sie gewinnen können, weil das daraus entstehende Gefühl von Kontrolle über Ihr Schicksal Sie innerlich stärken wird. Und wer weiß, wenn Sie einen kleinen Sieg nach dem anderen erringen, vielleicht treten Sie damit ja eine Bewegung in Ihrer Organisation los, in deren Verlauf die Pro-Arschloch-Regel langsam, aber sicher durch die Anti-Arschloch-Regel ersetzt wird.

Den Kontakt begrenzen

Mit dieser Taktik verringern Sie den von Arschlöchern angerichteten Schaden gleich auf zweifache Weise. Erstens nehmen Sie weniger unmittelbaren Schaden, weil Sie den gemeinen Gesten und herabsetzenden Worten und Blicken weniger häufig und intensiv ausgesetzt sind. Zweitens kann, wie wir gesehen haben, *alles*, was Ihnen hilft, in kleinen Bereichen Kontrolle zu gewinnen, Ihr Selbstwertgefühl, Ihre geistige Energie und Ihre körperliche Gesundheit schützen. Mein erster Ratschlag lautet, Orte und Zeiten zu finden, an denen Sie vor Ihren Folterern sicher sind. Treffen Sie sie so selten wie möglich. Planen Sie kurze Sitzungen. Laut einer neueren Studie könnte es auch hilfreich sein, Besprechungen in Räumen oder an Orten ohne Stühle abzuhalten. Bei einem Experiment an der University of Missouri verglich Alan Bluedorn mit seinen Kollegen Entscheidungen, die von 56 Gruppen getroffen wurden, deren Mitglieder während der Meetings *standen*, mit denen von 55 Gruppen, die während der kurzen (zehn- bis 20-minütigen) Besprechung *saßen*. Erstere benötigten – bei gleicher Qualität der getroffenen Entscheidungen – 34 Prozent weniger Zeit als die Gruppen, deren Mitglieder saßen.

Abgesehen von dem Zeitgewinn für Ihre Organisation können Sie, wenn Sie ein Meeting mit ausgewiesenen

Arschlöchern in einem Raum ohne Stühle ansetzen, Ihren
Kontakt mit diesen um 34 Prozent reduzieren. Mit anderen Worten, ein Unternehmen, das ein paar Konferenzräu-
me einrichtet, in dem nur Stehtische stehen, tut etwas für
sein Zeit- *und* für sein Arschlochmanagement – und spart
dazu noch Geld für Stühle.

Sie können außerdem Kommunikationstechnologien
als Puffer gegen einen Widerling oder einen ganzen Haufen davon verwenden. Über die weiter oben beschriebene
»Satan's Cesspool«-Strategie hinaus schottete sich Ruth
auch dadurch gegenüber dem Haufen Arschlöcher ab, die
ihr das Leben schwer machten, dass sie an mehreren Meetings nicht persönlich, sondern per Telefonschaltung teil-
nahm. Auf diese Weise ersparte sie sich den Anblick der
verächtlichen Mienen und konnte sich viel besser emotional distanzieren. Ein paar Mal brachte sie sogar einen Idioten, bei dessen Worten sich ihr der Magen umdrehte, zum
Schweigen, indem sie einfach den Stummknopf drückte
und, statt sich die Gemeinheiten ihrer Kollegen weiter
anzuhören, darüber nachdachte, wie sie den guten Leuten
im Unternehmen helfen konnte. Seien Sie aber gewarnt:
Die Mitglieder von Gruppen, in denen hauptsächlich per
E-Mail oder Telefonkonferenz kommuniziert wird (statt
von Angesicht zu Angesicht), haben im Schnitt weniger
Vertrauen zueinander und kämpfen häufiger – was wahrscheinlich daher rührt, dass ihnen das Gesamtbild fehlt, das
man erhält, wenn man persönlich anwesend ist. Zum einen können Dinge wie Gesichtsausdruck, Tonfall, Körper-
haltung oder »Gruppenstimmung« per E-Mail oder Telefon nicht übertragen werden, zum anderen vermitteln
diese Kommunikationswege kaum Informationen über die
Anforderungen, denen Menschen ausgesetzt sind, und
über ihre Arbeitsumgebung. Das führt dazu, dass die
Gruppenmitglieder nur ein unvollständiges und häufig
übermäßig negatives Bild voneinander haben.

Wie meine Stanford-Kolleginnen Pamela Hinds und Diane Bailey gezeigt haben, kommt es in Gruppen, in denen die Zusammenarbeit durch Informationstechnologien stark »medialisiert« ist und kaum auf persönlichen Meetings basiert, häufiger zu Konflikten – insbesondere »von Wut und Feindseligkeit geprägte Auseinandersetzungen« – und ist das gegenseitige Vertrauen schwächer ausgeprägt. Wenn Sie einer Gruppe angehören, die hauptsächlich über das Internet und das Telefon zusammenarbeitet, und Ihre Kollegen ein Haufen Arschlöcher zu sein scheinen, *dann könnte die Technologie das Problem noch verschärfen, statt Sie davor zu schützen.* Und vielleicht wäre es hilfreich, Zeit auf persönliche Besprechungen zu verwenden, um die Zwänge zu verstehen, denen die Leute ausgesetzt sind, und mehr Vertrauen zu entwickeln. Haben Sie aber wie Ruth an mehr als genug persönlichen Sitzungen teilgenommen, in denen Ihre Kollegen sich als Arschlöcher ausgewiesen haben, könnten E-Mail, Telefonkonferenz und der allmächtige Stummschalter Sie tatsächlich vor der vollen Wucht deren Ausfälle beschützen helfen.

Refugien der Sicherheit, Unterstützung und geistigen Gesundheit schaffen

Suchen und schaffen Sie Refugien, an denen Sie sich vor den Arschlöchern verbergen und mit anständigen Leuten treffen können. Auf diese Weise können Sie Ihren Kontakt zu den Widerlingen reduzieren, wieder zu Atem kommen und ein wenig Kontrolle darüber ausüben, wann und wie diese Tyrannen Ihnen zu Leibe rücken. Solche Refugien können Räume oder separate Gebäude sein. Die Krankenschwestern etwa, die Daniel Denison und ich für unsere Studie interviewten, fühlten sich massiv von mehreren Chirurgen und insbesondere dem berüchtigten »Dr.

Geil« belästigt (der zum Teil vor unseren Augen Krankenschwestern nachstellte und sie hänselte und begrabschte)
und suchten Zuflucht im Gemeinschaftsraum der Krankenpfleger, zu dem Ärzte keinen Zutritt hatten. Der Gemeinschaftsraum war ein sicherer Ort, an dem sie die Ge-
legenheit hatten, ihre Geschichten zu erzählen, sich ihren
Frust von der Seele zu reden und emotionale Hilfe zu geben und zu empfangen; die Anspannung, die von den meisten Krankenschwestern in dem Moment abfiel, wo sie den
Raum betraten, konnte man förmlich spüren.

Eine weitere Möglichkeit für ein sicheres Refugium ist,
einem geheimen sozialen Netzwerk von »Opfern« beizu-
treten oder selbst eines zu gründen. An einer mir bekannten Universität schlossen sich mehrere Sekretärinnen zu
einer Gebetsgruppe zusammen, die sich über mehrere Monate hinaus regelmäßig mit dem Ziel traf, die Amtszeit ihres kaltherzigen – und nichts ahnenden – Dekans zu ver-
kürzen. Sie beteten, dass ihm etwas zustoßen möge, was
zwar nicht allzu schlimm wäre, aber schlimm genug, um
seinen Abgang zu beschleunigen. (Leider war ihren Gebeten kein Erfolg beschieden und zumindest während ich
das hier schrieb, war er noch im Amt.) In manchen von
Arschlöchern dominierten Organisationen haben die Opfer so viel Angst vor Vergeltungsmaßnahmen, dass Zusam-
menschlüsse oder auch nur Gespräche untereinander als
geheime und verbotene Akte, aber als dennoch des Risi-
kos wert behandelt werden.

Selbst kleine Ereignisse, beispielsweise kurze Begeg-
nungen mit verständnisvollen Kunden oder Klienten, kön-
nen ein vorübergehendes Refugium bieten. Vor ein paar
Monaten stand ich in der Schlange vor der Kasse eines
Drugstores in Moraga, Kalifornien. An der Kasse saß ein
Teenager, den ich hier Chris nenne. Chris bediente gerade
die Kundin vor mir, als das Ladentelefon zu läuten begann.
Aber statt den Hörer abzunehmen, konzentrierte sich

Chris darauf, die Kundin zu bedienen. Knapp eine Minute später drehte sich die Kassiererin an der nächsten Kasse um, warf Chris einen hasserfüllten Blick zu und brüllte: »*Chris, was zum Teufel ist los mit dir? Kannst du das Ding nicht hören oder was? Nimm endlich ab!*« Chris lief knallrot an und sah aus, als würde er gleich in Tränen ausbrechen. Daraufhin sah die Frau vor mir ihn an und erklärte mit lauter Stimme: »Chris, ignorier sie einfach. Ich finde, dass du deinen Job großartig machst.« Chris sah sehr erleichtert aus und beruhigte sich sichtlich.

Gespräche mit hilfsbereiten Kollegen und verständnisvollen Kunden wie der Frau an der Kasse des Drugstores können einen Schutz gegen den Stress bieten, den die Arbeit mit einem Haufen Arschlöcher mit sich bringt. Besonders effektiv sind solche Gespräche, wenn, wie es Ruth im Rahmen ihrer »Satan's Cesspool«-Strategie tat, Opfer untereinander Überlebensstrategien austauschen. Aber Gespräche mit anderen Leuten über die eigenen Probleme sind kein Allheilmittel und können sich auch als zweischneidiges Schwert erweisen. Laut Loraleigh Keashly und Steve Harvey ergaben erste Studien, dass emotional misshandelte Mitarbeiter, die Zuspruch bei Freunden, Familienangehörigen, Kollegen und Vorgesetzten suchten, nur geringfügig positive Auswirkungen auf die geistige Gesundheit feststellten. Verantwortlich für die schwache Wirkung dieser sozialen Unterstützung ist nach Ansicht von Keashly und Harvey der Umstand, dass die Opfer meist mit Leuten reden, die keine Macht haben, den Mobbern und Tyrannen Einhalt zu gebieten – eine These, die mir einleuchtet.

Schlimmer noch: Gespräche, Klatschrunden und selbst von Fachleuten geleitete Therapiesitzungen können, wie ich festgestellt habe, manchmal mehr Schaden anrichten, als sie Gutes tun, und zwar dann, wenn sie zu reinen »Meckerstunden« verkommen, in denen die Opfer voller Bit-

terkeit über das ihnen zugefügte Leid klagen und über ihre
Ohnmacht, etwas dagegen tun zu können. Genau das
habe ich einmal an einem Krankenhaus miterlebt, an dem
mehrere externe Berater eine Reihe von Workshops zum
Burn-out am Arbeitsplatz durchführten. Diese schlecht ge-
managten Sitzungen begannen mit Statistiken darüber, wie
massiv das Pflegepersonal von Ärzten misshandelt wurde
und wie vielen anderen Stressquellen es ausgesetzt war –
schlechtes Entscheidungsmanagement, renitente Patienten,
schwierige Angehörige und so weiter. Dieser negative Einstieg brachte die Krankenschwestern dazu, ihre eigenen
Leidensgeschichten zu erzählen, und löste in ihnen Gefühle von Hilf- und Hoffnungslosigkeit aus, was zum großen
Teil daran lag, dass die Moderatoren das Gespräch nicht
in eine positive Richtung lenkten, sprich darauf, wie man
diese Probleme umdeuten könnte oder wie man Strategien
zum Erringen kleiner Erfolge entwickelt – geschweige
denn auf organisatorische Strategien zur Umsetzung der
Anti-Arschloch-Regel.

Ich erinnere mich noch, was eine der Krankenschwestern auf meine Frage, wie die Sitzungen liefen, antwortete. »Ich gehe«, sagte sie, »in guter Stimmung hinein und
verlasse sie jedes Mal zutiefst deprimiert. Sie bringen mich
dazu, meine Arbeit zu hassen; alles, was wir tun, ist meckern, meckern, meckern!« Vergessen Sie nicht: Emotionen sind höchst ansteckend. Wenn Sie also Refugien, Netz-
werke und regelmäßige Meetings zum Austausch darüber
initiieren wollen, wie man mit den Arschlöchern in der
Arbeit fertig werden kann, sollten Sie sich auf Methoden
zur Umdeutung negativer Ereignisse und auf Strategien
zum Erringen kleiner Erfolge konzentrieren – und nicht
darauf, Foren zu schaffen, in denen die eigene Hilf- und
Hoffnungslosigkeit propagiert und weiterverbreitet wird.

Die richtigen kleinen Schlachten schlagen und gewinnen

Eine Strategie der kleinen Erfolge kann Ihr Gefühl stärken, Kontrolle über Ihr Leben zu haben, dazu beitragen, dass die Dinge um Sie herum ein bisschen besser werden, hier und da einen Splitter aus der Kultur der Gemeinheit und Gehässigkeit schlagen, in der Sie gefangen sind, und vielleicht – aber nur vielleicht – den Beginn eines grundlegenden kulturellen Wandels markieren.

Dieser Ansatz setzt voraus, permanent nach Möglichkeiten für einen kleinen Sieg zu suchen, eine Taktik, die übrigens auch die meisten der 120 von Sheaver für *Gig* interviewten amerikanischen Arbeitnehmer verfolgen, und zwar insbesondere jene, die es mit aggressiven Gegnern zu tun haben. Einige suchen nach Gelegenheiten, den Streithammeln in aller Freundlichkeit vorzuführen, wie man in Konfliktsituationen die Beherrschung bewahrt. Der Gefängniswärter Franklin Roberts sagte über seinen Umgang mit Gefangenen: »Ich brülle sie niemals an. Sie werden wütend auf mich und schreien sich die Seele aus dem Hals … Sie flippen aus. Aber du brüllst sie nicht an. Du darfst vor diesen Leuten niemals dein Gesicht verlieren. Wenn sie dich anschreien, flüsterst du. Du spielst einfach ihr Spiel nicht mit.« Natürlich, fügte Roberts hinzu, seien die Gefangenen gefährlich und brüllten einen trotzdem an, aber wenn man als Wärter ruhig bleibe, erwerbe man sich langsam ihren Respekt, verringere das Risiko, angegriffen zu werden, und werde schließlich seltener angebrüllt und bedroht.

Zwar verdienen die wenigsten von uns ihr Geld als Gefängniswärter, doch Roberts Art, mit Arschlöchern umzugehen – also tobenden Leuten mit unerschütterlicher Ruhe und gleich bleibendem Respekt zu begegnen – eignet sich für jeden Arbeitsplatz. Wenn Sie Widerlingen, Schritt für Schritt und Gespräch für Gespräch, klar machen, dass Sie immun gegenüber deren Arschlochgift sind, steigen sie vielleicht auf Ihr Verhalten ein und behandeln Sie mit mehr Respekt – selbst wenn sie anderen diese Achtung nicht erweisen.

Die sanfte Umerziehung ist verwandt mit der Strategie für kleine Erfolge in Begegnungen mit Arschlöchern. Das Prinzip lautet, Ihrem Folterer ganz ruhig die Sachzwänge, denen Sie unterliegen, oder andere Gründe dafür zu erklären, warum Sie seinen Zorn nicht verdient haben. Die Busfahrerin Luptia Perez aus Los Angeles berichtete in *Gig,* wie sie mit dieser Taktik aufgebrachte »Zivilisten« zur Räson bringt. Da gab es zum Beispiel eine Passagierin, die sie anschrie: »Sie werden doch fürs Nichtstun bezahlt! Sie tun nichts außer fahren.« Worauf Perez ganz ruhig antwortete: »Das stimmt nicht. Ich muss mich nicht nur um Sie und alle anderen Leute hier im Bus kümmern, sondern auch um diesen Bus, um mich selbst, um die Leute, die über die Straße gehen, um die Autofahrer ... Madam, ich überlasse Ihnen mit größtem Vergnügen diese Schicht und, hey, dann setze ich mich nach hinten und entspann mich mal ein bisschen.« Die aufgebrachte Passagierin entschuldigte sich, und Perez meinte: »Also habe ich ihr wohl ein bisschen die Augen geöffnet.« Kleine Erfolge wie dieser verleihen dem Opfer nicht nur ein gewisses Gefühl der Kontrolle und lassen die Welt für ein paar Minuten besser erscheinen. Wird die Strategie durchgängig und geschickt angewendet, auf einen Mistkerl nach dem anderen, können die vielen kleinen Siege nach und nach die Quelle der Feindseligkeit trocken legen.

Deeskalation und sanfte Umerziehung sind insofern relativ risikoarme Strategien, da, selbst wenn sie fehlschlagen, die Gefahr sehr gering ist, mit einem solchen »Halte die andere Backe hin«-Ansatz die Übeltäter zu noch ausfälligerem Verhalten zu provozieren. Zu den riskanteren

Kleine-Erfolge-Strategien gehört, ein Arschloch direkt zu konfrontieren, Vergeltung zu üben, ihn oder sie zurechtzuweisen, den Kotzbrocken zu »outen« oder ihn zu demütigen. Seien Sie also gewarnt: Solche Ansätze können gefährlich sein. Da Aggressivität häufig noch mehr Aggressivität provoziert, riskieren Sie, einen von Beleidigungen und persönlichen Attacken genährten Teufelskreis in Gang zu setzen. Und sich mit jemandem anzulegen, der über mehr Macht verfügt, kann sich als sehr abträglich für Ihre geistige Gesundheit und Ihre berufliche Sicherheit erweisen. Aber wenn Sie Ihren Peiniger genau studieren, den richtigen Moment abwarten und dann Ihre Chance nutzen, könnten Sie mit ein paar wichtigen kleinen Erfolgen belohnt werden – und vielleicht dem Menschenschinder all das heimzahlen, was er Ihnen angetan hat, und süße Rache üben. Mein Favorit unter all den Rachegeschichten, die ich kenne, ist die einer Produzentin, die für eine Bostoner Radiostation arbeitet und mit der ich einen Beitrag über »Wiesel am Arbeitsplatz« verfasste. Einer ihrer früheren Chefs war ein absolutes Arschloch. Obwohl der Kerl, erzählte sie, »100-mal mehr als ich verdiente, demütigte er mich ständig und verletzte meine Privatsphäre«. Insbesondere hatte er die üble Angewohnheit, ihr ihr Essen wegzunehmen. Er kam einfach an ihren Tisch und aß von ihrem Lunch oder griff sich einen Snack, der da herumlag. Sie fühlte sich in ihrer Privatsphäre verletzt und ausgenutzt, und obwohl sie ihn aufforderte, damit aufzuhören, machte er einfach weiter. Also präparierte sie eines Tages ein paar Pralinen mit Ex-Lax, einem nach Schokolade schmeckenden Abführmittel, und platzierte sie auf ihrem Tisch. Wie erhofft, kam ihr Boss vorbei und stopfte sich die Süßigkeiten ohne um Erlaubnis zu fragen in den Mund. »Er war ganz und gar nicht glücklich«, als er erfuhr, was das Naschwerk enthielt. Dieser Racheakt war nicht nur lustig, sondern nachgerade perfekt, weil sie eine

Methode gefunden hatte, die ihm keine Möglichkeit zur
Verteidigung ließ. Die mit Abführmitteln gespickten Pralinen waren die gerechte Strafe dafür, dass er ihr Essen
stahl, und das wusste er ganz genau.

Eine weitere Rachetaktik verdanke ich Sue Schurman,
die heute Präsidentin des National Labor College in Sil-
ver Springs, Maryland, ist und mit der ich seit langem be-
freundet bin. In den 1970er Jahren arbeitete Sue mehrere
Jahre als Busfahrerin in Ann Arbor, Michigan, und
brachte es mit der Zeit zur Gewerkschaftsführerin. Selbst
in einer vergleichsweise kleinen Stadt wie Ann Arbor kommen sich die Busfahrer laufend mit aggressiven und manchmal offen feindseligen Autofahrern ins Gehege. Mit zum
Ersten, was Sue neuen Busfahrern unter ihren Fittichen
beibrachte, gehörte, dass ein guter Fahrer »niemals einen
Unfall baut, der ein Unfall ist«. Vielmehr sollten sie »Unfälle« als Strafen sehen, die Busfahrer »wild gewordenen
Autofahrern« bewusst zufügten. Jeder städtische Busfahrer, erklärte sie, durfte drei Unfälle pro Jahr bauen, ohne
disziplinarische Maßnahmen fürchten zu müssen. Den
neuen riet sie, sich »einen Unfall für die Weihnachtszeit
aufzuheben, weil da die ganzen Idioten auf der Straße
sind und ihr den Wunsch verspüren werdet, es einem von
ihnen heimzuzahlen«.

Aufgrund ihres Arbeitsumfelds – der öffentliche Stra-
ßenverkehr – sind Busfahrer einer Vielzahl aggressiver bis
feindseliger Interaktionen mit Autofahrern ausgesetzt und
haben nur sehr begrenzt die Möglichkeit, sich gegen ihre
Peiniger zu wehren. Obwohl sie nur sehr selten Vergeltung an einem der zahllosen Verkehrsrowdys üben, die ihnen das Leben schwer machen: Allein das *Wissen*, dass sie
die Macht dazu haben – das süße Gefühl der Kontrolle –
ist von immenser Bedeutung für die Bewahrung ihrer geistigen Gesundheit. Obwohl Sue Schurman als Busfahrerin
zahlreiche Sicherheitspreise gewann und nur in wenige

Unfälle verwickelt war, stellte, wie sie mir vor kurzem schrieb, »der köstliche Gedanke daran, dass man die Arschlöcher bestrafen konnte, ein wichtiges psychologisches Sicherheitsventil dar. Schon dieser Gedanke half einem, die eigene Wut besser in den Griff zu bekommen.«

Die letzte Taktik im Kampf gegen Arschlöcher ist zwar noch riskanter als Rache, dafür aber, wenn sie funktioniert, extrem effektiv: Bloßstellung. Manche Unterdrücker plustern sich mit markigen Worten auf, aber wenn man sie eine Weile beobachtet, stellt man unter Umständen fest, dass sie nur Schafe im Wolfspelz sind (nicht anders als etliche der Schulhoftyrannen, mit denen ich es als Jugendlicher zu tun hatte). Eine Leserin der *Harvard Business Review* beschrieb in einer E-Mail, wie sie den Bluff eines dieser Berserker bloßstellte:

Ich möchte hinzufügen, dass die Mobber gewöhnlich auf denen herumhacken, die sich nicht wehren. Ich habe einmal für eine soziale Organisation gearbeitet, in der es einen ausgemachten Widerling gab. Der Kerl war ein ehemaliger Armeemajor und hatte ein Talent dafür, denen das Fell über die Ohren zu ziehen, die in irgendeiner Weise Anzeichen von Schwäche, Unsicherheit oder Unentschlossenheit zeigten. Auch bei mir hat er es mehrere Male versucht. Irgendwann hatte ich genug davon, und als er auf mich losging, schenkte ich ihm einen eisigen Blick und sagte, dass ich ihn, sollte er es jemals wieder wagen, so mit mir zu reden, an den Füßen hinausschleifen würde und dass ich weder dafür bezahlt werde noch es länger hinnehmen würde, von ihm misshandelt oder beleidigt und als #$@@%! beschimpft zu werden. Und das musste ich auch nicht. Er hatte die Botschaft verstanden.

Die Frau hatte viel Mut. Wer es weniger riskant liebt, sollte zuerst beobachten, was passiert, wenn andere den Mut aufbringen und sich dem lokalen Arschloch in den Weg stellen. Wenn der Großkotz, wie in diesem Fall, einen Rückzieher macht, stehen Ihre Chancen auf einen kleinen Erfolg besser – und wenn dann Sie und Ihre ebenfalls unterdrückten Kollegen gemeinsam gegen den Mobber vorgehen, könnte es durchaus passieren, dass er sein Verhalten ändert oder, noch besser, auf Nimmerwiedersehen verschwindet.

Zum guten Schluss:
Vielleicht können Sie es ja aushalten, aber stecken Sie wirklich fest?

Wenn Sie in einem Job feststecken, an dem Sie es mit einem oder, schlimmer noch, einem ganzen Haufen Arschlöcher zu tun haben, gibt es mehrere Möglichkeiten, den Schaden zu minimieren. Sie können die permanente Misshandlung zum Schutz ihrer geistigen und körperlichen Gesundheit so umdeuten, das sie weder Ihre Schuld ist noch auf magische Weise plötzlich verschwinden wird – und sich beibringen, keinen Pfifferling mehr auf die Kotzbrocken und das Unternehmen zu geben. Darüber hinaus können Sie auf kleine Erfolge setzen: Suchen und führen Sie kleine Schlachten, in denen Ihre Chancen auf einen Sieg gut stehen. So belanglos diese kleinen Erfolge scheinen mögen, Sie verleihen Ihnen ein Mindestmaß an Kontrollgefühl, sie können die allgemeine Situation ein bisschen verbessern und, wenn Sie das lange genug durchziehen und sich vielleicht noch andere Opfer ihrem Feldzug anschließen, die Lage auch auf lange Sicht für alle erträglicher machen. Ich habe dieses Kapitel für die vielen Menschen geschrieben, die von einem Haufen Arschlöcher umgeben sind und aus finanziellen oder persönlichen Gründen keine schnelle Chance sehen, dem zu entkommen. Und für alle diejeingen, die hin und wieder Begegnungen mit Arschlöchern erdulden müssen.

Allerdings haben diese Strategien auch ihre Schatten-
seite. Sie könnten nämlich gerade so viel Schutz gewähren
(oder schlimmer noch, die Illusion von Schutz), dass die
Leute sich mit einer unverändert entwürdigenden Situation abfinden – selbst wenn ihnen ein Ausweg offen steht.
Sehr beunruhigt hat mich zum Beispiel Jerrolds Bericht in
Gig darüber, wie er kontinuierlich von Brad zur Schnecke
gemacht wird und trotzdem weiter um ihn herumschar-
wenzelt. Ich fürchte, dass Jerrold mit seiner erstaunlichen
Zähigkeit und Leidensbereitschaft Brad die falsche Botschaft übermittelt: Nämlich die, dass es in Ordnung ist,
wenn er seine Untertanen beleidigt oder bedroht, weil er
ja ein so reicher und mächtiger Mann ist und sich mit so
ungemein bedeutenden Dingen beschäftigt. Wahrscheinlich, scherzte Jerrold, werde er für Brad arbeiten, bis er
einen Nervenzusammenbruch erleide – ein schlechter
Scherz, weil er womöglich gar nicht so weit von der Rea-
lität entfernt ist. Wenn Sie wie Jerrold gut darin sind, Ihre
Erwartungen herunterzuschrauben und selbst aus den
allerkleinsten Erfolgen noch Trost zu ziehen, kann Sie das
davon abhalten, einen schikanösen Boss oder ein von
Arschlöchern infiziertes Unternehmen zu verlassen.

Andererseits könnte es aber auch sein, dass Jerrold gar
nichts dagegen hätte, sich den Arschlocherreger einzufangen, vorausgesetzt, das würde ihm helfen, ebenso reich,
mächtig und berühmt zu werden wie sein Boss. Wenn es
nach mir ginge, würde es sich nicht auszahlen, sich ständig wie ein Arschloch aufzuführen – ich verabscheue diese Widerlinge und schäme mich für (fast) jedes einzelne
Mal, wo ich mich wie eines verhalten habe. Obwohl
Arschlöcher weit mehr schaden als nutzen, hat es, wie wir
im nächsten Kapitel sehen werden, unglücklicherweise
auch Vorteile, sich wie ein Arschloch aufzuführen.

6

Die Vorzüge des Arschlochs

Ich wollte dieses Kapitel nicht schreiben. Aber einige meiner besten und smartesten Freunde beharrten darauf, dass es ein notwendiges Übel sei. Sie überzeugten mich, dass mein Buch naiv und unvollständig wäre, wenn ich mich über die Vorteile ausschweigen würde, die es haben kann, sich wie ein Arschloch zu benehmen. Und sie torpedierten mich mit Beispielen von Leuten, die Erfolg zu haben scheinen, *weil* – und nicht *obwohl* – sie amtliche Arschlöcher sind.

Beweisstück Nummer eins war Steve Jobs, CEO von Apple, Pixar und (seit dem Verkauf von Pixar) größter Disney-Anteilseigner. Manchmal scheint es, als müsste sein voller Name »Steve Jobs, das Arschloch« lauten. Ich gab bei Google »Steve Jobs« und »asshole« ein und erhielt 52 400 Treffer. Ich bat ein paar Insider, die ihrer Meinung nach miesesten Bosse in der Unterhaltungs- und der Hightechbranche zu nominieren, also den Branchen, zu denen Jobs Firmen gehören, um auf diese Weise ein paar »Referenzarschlöcher« zu bekommen. Obwohl Michael Eisner, der frühere Disney-CEO, durchgängig genannt wurde, ergab die Wortkombination »Michael Eisner« und »asshole« vergleichsweise armselige 10 500 Treffer. Und auf der Hightechseite bescherte mir die Eingabe von »asshole« und »Larry Ellison«, dem berüchtigt schwierigen Chef von Oracle, lächerliche 560 Treffer.[4]

---

[4] Der schlechte Ruf dieser drei Chefs beschränkt sich nicht auf die USA. Die Kombinationen der Namen mit dem deutschen Begriff, also »Arschloch«, ergab im Juli 2006 1130 Treffer für Jobs, 118 für Eisner und 81 für Ellison (A.d.Ü.).

Die haarsträubendsten und zugleich unterhaltsamsten Geschichten über Jobs stammen von Leuten, die für ihn gearbeitet haben. Die Zeitschrift *Wired* schrieb über ein Treffen von 1 300 ehemaligen Apple-Mitarbeitern im Jahr 2003, dass Jobs, wiewohl nicht präsent, Hauptgegenstand der Gespräche war, insbesondere seine legendären Tiraden und Wutanfälle. »Jeder hier«, sagte ein Teilnehmer des Treffens, »hat ein paar persönliche Steve-Jobs-das-Arschloch-Geschichten auf Lager.« Als Fakultätsmitglied der Stanford School of Engineering, die sich praktisch im Hinterhof von Apple befindet, habe ich im Lauf der Jahre viele solcher Geschichten zu hören bekommen, so etwa die eines Managers, der mir nur ein paar Tage nach einem Tobsuchtsanfall von Jobs bei dessen (inzwischen nicht mehr existenten) Computerfirma NeXT erzählte. Jobs fing an zu brüllen und zu toben und Drohungen auszustoßen, weil die Farbe der neuen NeXT-Lieferwagen nicht exakt der Weißschattierung entsprach, in der die Fertigungshalle gestrichen war. Um Jobs zu besänftigen, mussten die NeXT-Fertigungsmanager wertvolle Arbeitsstunden (und mehrere tausend Dollar) investieren, um die Lieferwagen auf *exakt* denselben Farbton umzulackieren.

Gleichzeitig versichern einem dieselben Leute, die solche Geschichten über Jobs erzählen, dass er einer der fantasiereichsten, entschlussfreudigsten und überzeugendsten Menschen ist, den sie je kennen gelernt haben. Sie geben zu, dass er es versteht, seine Leute zu außergewöhnlichen Leistungen und höchster Kreativität zu motivieren. Und sie alle sind überzeugt, dass – obwohl er mit seinen Wutanfällen und seiner gnadenlosen Kritik die Leute um sich herum in den Wahnsinn und viele aus dem Unternehmen treibt – beides entscheidende Bestandteile seines Erfolgs sind, insbesondere seine Perfektionssucht und sein unbarmherziges Streben danach, schöne Dinge zu machen. Und selbst Leute, die ihn zutiefst verachten, fragen mich:

»Beweist Jobs damit nicht, dass manche Arschlöcher all den Ärger wert sind?«

Für mich wäre es den Ärger zwar nicht wert, nur um für Jobs oder jemanden wie ihn arbeiten zu dürfen. Andererseits wäre es, wie ich erkannt habe, naiv, anzunehmen, dass Arschlöcher *ausnahmslos in allen Fällen* mehr schaden als nutzen. Deshalb widmet sich dieses Kapitel den Vorzügen von Arschlöchern. Seien Sie aber gewarnt: Die hier präsentierten Gedanken sind ebenso brisant wie gefährlich: Sie bieten selbstgerechten und destruktiven Despoten die Munition, mit der sie ihre Neigung, andere herabzusetzen, rechtfertigen und sogar glorifizieren können.

Die Vorzüge der Gemeinheit
Macht und Ansehen erwerben

Wie zahllose Studien belegen, erwarten wir von mächtigen Menschen geradezu, dass sie ihre Wut an machtlosen Menschen austoben – und ebenso zahlreich sind die Belege dafür, dass ein solch gemeines Verhalten sogar dazu beiträgt, mehr Einfluss auf andere zu gewinnen. Selbst wenn uns das nicht bewusst ist, rechnen wir damit, dass mächtige Menschen sich mit den Erfolgen brüsten und die Lorbeeren für sich in Anspruch nehmen, wenn die Dinge gut gehen, und über ihre Untergebenen herziehen und ihnen die Schuld geben, wenn etwas schief läuft. Die Leute am unteren Ende der Hackordnung kämpfen derweil darum, ihre prekäre Position abzusichern, indem sie mit Zuneigung, Schmeicheleien, Ehrerbietung und – im Fall von Misserfolgen mit Entschuldigungen – um das Wohlwollen der Höhergestellten werben.

Dass sich Alphatiere wie Tyrannen aufführen, liegt mit daran, dass wir das nicht nur durchgehen lassen, sondern sie auf subtile Weise sogar noch dazu ermutigen. Untersuchungen von Lara Tiedens und anderen Wissenschaftlern an der Stanford University zufolge kann man sich in einer Welt, in der »nach oben gebuckelt, nach unten getreten« wird, mit dem gezielten Einsatz von Wut und Schuldzuweisungen in der Hierarchie nach oben kämpfen und andere niederhalten. Tiedens demonstrierte das in einem Experiment. In der Zeit, als der Senat über ein Amtsenthebungsverfahren gegen den damaligen Präsidenten Bill Clinton debattierte, führte sie den Probanden aktuelle Filmausschnitte über Clinton vor: In einem der Filmclips regte sich Clinton über den durch seine Affäre mit Monica Lewinsky ausgelösten Sexskandal auf, im anderen bekundete er Trauer und Scham. Die Probanden, die den wütenden Clinton gesehen hatten, sagten häufiger, man solle ihn im Amt lassen, nur milde bestrafen und auf ein Amtsenthebungsverfahren verzichten – kurz, sie waren eher dafür, ihm seine Macht zu lassen. Aus diesem Experiment und einer Vielzahl vergleichbarer Studien schloss Tiedens, dass der strategische Einsatz von Zorn – in Form von Wutanfällen, aggressivem Mienenspiel, sturem Geradeausstarren und »offensiven Handgesten« wie mit dem Finger auf andere zeigen oder auf den Tisch schlagen – zwar als »unsympathisch und kalt« empfunden wird, dennoch aber »den Eindruck erweckt, dass die betreffende Person kompetenter ist«.

In einem breiteren Kontext belegt auch die Führungsforschung, dass subtile gemeine Verhaltensweisen wie verächtliche Blicke und abwertende Kommentare, explizitere Handlungen wie Beleidigungen und öffentliche Herabsetzung und selbst körperliche Einschüchterungen wirksame Wege zu mehr Macht sein können. Mein Stanford-Kollege Rod Kramer zeigte in einem Beitrag in der *Harvard Business Review* anhand mehrerer Fallbeispiele, darunter der ehemalige US-Präsident Lyndon Johnson, die frühere Chefin von Hewlett-Packard, Carly Fiorina, der einstige Miramax-Boss Harvey Weinstein, der ehemalige Disney-CEO Michael Eisner und natürlich Apple-CEO Steve Jobs, wie man durch den strategischen Einsatz von gehässigen Blicken, Herabsetzungen und Mobbing Macht erwerben und ausbauen kann. Lyndon Johnson etwa, schreibt Kramer, studierte seine Gegner sehr genau und nutzte strategische Beleidigungen und Temperamentsaus-brüche, die sorgsam auf die Unsicherheiten seiner Poli-tikerkollegen abgestimmt waren, während Carly Fiorina laut Kramer ob ihrer Fähigkeit gerühmt und gefürchtet wurde, »Gegner in Grund und Boden zu starren«.

Hollywood-Produzent Harvey Weinstein wird von Kramer in seinem Aufsatz mit dem Titel »The Great Inti-midators« – »Die großen Einschüchterer« – als die Rein-form des »schroffen, lauten, die Leute direkt attackieren-den« Einschüchterers bezeichnet, als Meister der Kunst, mit Hilfe von »inszenierten Wutanfällen« »Macht durch Einschüchterung« auszuüben. In einem Beitrag, der 2002 im *New Yorker* erschien, berichtet Ken Auletta von einer für Weinstein typischen Episode. Im Vorfeld der Oscar-Verleihung machten Gerüchte die Runde, Weinstein habe eine Flüsterhasskampagne gegen den Universal-Pictures-Film *A Beautiful Mind – Genie und Wahnsinn* gestartet, der mit Weinsteins Film *In The Bedroom* um einen Oscar konkurrierte. Weinstein tobte und vermutete Universal-Studio-Vorstand Stacey Snider hinter den Gerüchten. Al-so stellte Weinstein Snider auf einer Party und ging direkt zum Angriff über. »Für die zierliche Snider musste Wein-stein«, schrieb Auletta, »mit seinen dunklen, böse blitzen-den Augen, seinem fleischigen, unrasierten Gesicht und dem mächtigen Bauch, den er vor sich her schob, einen wahrhaft Furcht erregenden Anblick abgegeben haben. Weinstein streckte ihr den Zeigefinger ins Gesicht und brüllte: ›Damit haben Sie Ihren Untergang besiegelt!‹«

Auch wenn sich Weinstein bei Snider entschuldigte, ist Kramer überzeugt, dass diese Art des »kalkulierten Theaterdonners« Weinstein im Lauf seiner Hollywood-Karriere, in der er 60 Oscars einheimste, gute Dienste leistete.

Für Kramer sind Einschüchterer keine echten Mobber, weil sie ihre Einschüchterungstaktiken strategisch anwenden und nicht, um sich besser zu fühlen. Ich bin da anderer Meinung. Wenn jemand, der doppelt so groß ist wie Sie, Sie in die Ecke drängt, beleidigt und bedrohliche Gesten vollführt, wird jeder Experte, den ich kenne, sagen, dass Sie gemobbt worden sind, und ich möchte hinzufügen, dass Sie einem Arschloch über den Weg gelaufen sind. Gleichgültig, welchen Namen Sie diesen Typen geben, die Fähigkeit, sich wie ein einschüchternder Tyrann aufzuführen – oder zumindest die Attacken anderer Despoten wegzustecken –, scheint in vielen Ecken Hollywoods zu den grundlegenden Überlebenskünsten zu gehören.

Kramer befasst sich vor allem mit der Macht der Einschüchterung. Aber sich wie ein Mistkerl aufzuführen kann auch auf andere Weise zum eigenen Vorankommen beitragen: *indem es Sie smarter als andere wirken lässt.* Jeff Pfeffer und ich haben diese Variante des Machtkampfs vor ein paar Jahren bei einer Studie in einer großen Finanzgesellschaft gesehen, deren Mitarbeiter eher dafür belohnt zu werden schienen, dass sie kluge Sachen sagten, statt dafür, kluge Sachen zu machen. Andere Leute und ihre Ideen schlecht zu machen – eine Strategie, die man bei Intel vielleicht als »destruktive Konfrontation« bezeichnen würde – gehörte bei dem Unternehmen zum Statusspiel. Diese Attacken, bei denen aufstrebende Manager mit beißender Kritik (die gelegentlich an persönliche Beleidigung grenzte) darauf abzielten, ihre Opfer in der Hackordnung nach unten zu stoßen und sich selbst einen höheren Rang zu erkämpfen, wurden häufig im Beisein der Unternehmensführung geführt.

Diese hässlichen Statuskämpfe lassen sich möglicherweise durch den von Teresa Amabile von der Harvard University entdeckten »Brillant, aber grausam«-Effekt erklären. Auf diesen Effekt stieß Amabile im Rahmen kontrollierter Experimente mit Buchkritiken, von denen ein Teil gehässig und ein Teil freundlich geschrieben war. Wie sie feststellte, wurden die negativen und gehässigen Rezensenten zwar als unsympathischer, aber auch als intelligenter, kompetenter und fachkundiger eingestuft als diejenigen, die die Bücher genauso »verrissen«, ihre Kritik jedoch zurückhaltender und freundlicher formulierten.

Rivalen einschüchtern und besiegen

Man kann, wie Rod Kramer gezeigt hat, Einschüchterungen und Drohungen dazu einsetzen, sich eine Position an der Spitze des Haufens zu erobern und diese zu verteidigen. Nicht viel anders wie die in Kapitel 3 erwähnten Alpha-Paviane, die ihre Artgenossen drohend anstarrten, sie bissen und stießen, um ihre Stellung in der Rangordnung zu verteidigen, mobben auch Menschen ihre Mitmenschen, um Status zu erwerben und zu verteidigen. Der Nutzen und die Vorteile von Einschüchterungsstrategien zum Erwerb von Macht über Rivalen zeigen sich dort am offenkundigsten, wo Gewaltandrohungen zur Tagesordnung gehören. Wenn Sie den Mafiathriller *Der Pate* oder die TV-Serie *The Sopranos* gesehen haben, wissen Sie, dass die Macht von Mafiabossen und -banden auf Drohungen und brutaler Gewalt basiert. Dass es sich dabei keineswegs um ein bloßes Klischee handelt, musste mein Vater zu Beginn der 1960er Jahre erfahren, als er zusammen mit einem Partner in Chicago ins Geschäft mit Verkaufsautomaten einsteigen wollte. Sie versuchten ihre Automaten mit Süßigkeiten und Zigaretten in Bowlinghallen, Restaurants und an anderen Orten aufzustellen, nicht ahnend, dass das Geschäft mit Verkaufsautomaten zu der Zeit vom organisierten Verbrechen kontrolliert wurde, da die Einnahmen aus kaum nachverfolgbarem Bargeld bestanden. Es dauerte nicht lange, bis mein Vater und sein Kompagnon eine Warnung erhielten: Sollten sie nicht die Finger von dem Geschäft lassen, würden sie im Krankenhaus enden. Mein Vater kehrte zu seinem alten Job als Kaffeeausfahrer zurück. Sein Partner hingegen pfiff auf die Warnung und meinte, er habe keine Angst vor der Mafia – bis sie ihm beide Beine brachen und ihn damit überzeugten, dass die Sache mit den Verkaufsautomaten doch keine so gute Idee war.

Im Sport gehören Einschüchterungstaktiken mit zum Spiel, vor allem bei Football, Boxen und Rugby, wo ein Sieg voraussetzt, den Gegner körperlich zu dominieren. Aber sie können auch Leuten in Sportarten, die weniger von unmittelbarer körperlicher Auseinandersetzung geprägt sind – wie Baseball – helfen, sich durchzusetzen. Der in der Hall of Fame verewigte legendäre Außenverteidiger Ty Cobb ist berühmt dafür, sich mit überaus rüden Methoden durchgesetzt zu haben. Oder, wie es Ernest Hemingway hart, aber zutreffend formulierte: »Ty Cobb, der größte Ballspieler aller Zeiten – und ein absoluter Arsch.« Cobb spielte von 1904 bis 1928 und brachte es auf über 4 000 Hits und einen Schlagdurchschnitt[5] von 0,367. Cobb war berüchtigt dafür, seine Gegenspieler zu verletzen und Schlägereien mit Teamkameraden, Gegenspielern und überhaupt allen anzuzetteln, die ihm auf dem Feld oder außerhalb in die Quere kamen. Sein Motto lautete: »Mach mir Platz oder ich tu dir weh.« Cobbs Biograph Al Stump beschrieb, wie ein Spieler namens Bill Barbeau versuchte, Cobb vor Erreichen der zweiten Base abzufangen. »Ein

---

[5] Anzahl der geglückten Schläge geteilt durch die Zahl aller Versuche (A. d. Ü.).

heranstürmender Körper, Stollen voraus, traf Barbeau an den Knien und katapultierte ihn nach hinten. Der Ball fiel ihm aus der Hand und rollte ins Außenfeld. Cobb war sicher. Barbeau hatte eine Risswunde am Bein, der spielentscheidende Run war geglückt.«

Natürlich verdienen die meisten Leute ihr Geld nicht bei der Mafia oder als Profisportler. Aber viele von uns arbeiten in der Welt der Unternehmen und bekommen es dort mit einschüchternden Leuten zu tun. Und auch hier ist Steve Jobs einmal mehr der Großmeister. Dank Andy Hertzfeld, der zum ursprünglichen Macintosh-Design-team gehörte, wissen wir, was Jobs 1981 Adam Osborne, dem CEO des Apple-Konkurrenten Osborne Computer Company, ausrichten ließ. Lesen wir Hertzfelds Bericht auf www.folklore.org:

> »Hi, hier ist Steve Jobs. Könnte ich bitte mit Adam Osborne sprechen?«
> Die Sekretärin am anderen Ende informierte Steve, dass Mr. Osborne nicht da war und auch nicht vor dem nächsten Tag ins Büro zurückkehren würde. Sie fragte Steve, ob er eine Nachricht für ihn hinterlassen wolle.
> »Ja«, antwortete Steve. Dann, nach einer kurzen Pause: »Hier ist meine Nachricht: Sagen Sie Adam, dass er ein Arschloch ist.«
> Daraufhin folgte eine lange Pause, in der die Sekretärin überlegte, wie sie darauf reagieren sollte. Schließlich fuhr Steve fort: »Noch etwas. Wie ich höre, ist Adams sehr gespannt auf den Macintosh. Sagen Sie ihm, dass der Macintosh so gut ist, dass er wahrscheinlich ein paar davon für seine Kinder kaufen wird, obwohl das seinen Laden in den Ruin treiben wird.«

Jobs Vorhersage sollte sich bewahrheiten. Zwei Jahre später war Osborne Computer pleite.

Durch Angst zu Leistung und Perfektionismus motivieren

Angst kann eine mächtige Triebfeder sein und Leute zu Höchstleistungen motivieren, um Bestrafung und öffentliche Demütigung zu vermeiden. Zwar sind Belohnungen, wie eine Unmenge psychologischer Studien beweist, wirksamere Motivatoren als Strafen und liegen mehr als genug Beweise dafür vor, dass Individuen und Teams in einem Arbeitsumfeld, das nicht von Angst geprägt ist, weitaus effektiver lernen und arbeiten. Aber auf der anderen Seite belegen bis auf den legendären Verhaltenspsychologen B. F. Skinner zurückreichende psychologische Untersuchungen, dass wir mehr arbeiten, wenn wir dadurch eine Bestrafung vermeiden können. Darüber hinaus haben mehrere angesehene Soziologen gezeigt, dass Menschen sehr viel zu tun bereit sind, um eine öffentliche Bloßstellung zu vermeiden.

Ungezählte große Führer haben ihren Untergebenen Angst vor Strafe, Spott und Erniedrigung eingeflößt und sind damit offenbar gut gefahren. Der für seine Härte berühmte US-General George S. Patton hatte, wie Rod Kramer berichtet, die Angewohnheit, sein einschüchterndes »Generalsgesicht« vor dem Spiegel zu üben, um »eine möglichst furchterregende und bedrohliche Miene zu erzeugen«. Pattons Soldaten fürchteten zwar seinen Zorn, kämpften aber mit Leidenschaft für ihn, weil sie seinen Mut bewunderten und ihn nicht im Stich lassen wollten. Der Nobelpreisträger James Watson (der zusammen mit Francis Crick die Struktur der DNS entschlüsselte) strahlte laut Kramer »nach allen Seiten Verachtung aus«, hielt wenig von »den üblichen Anstandsregeln und zivilisierter Konversation« und konnte nachgerade »brutal« sein. Obwohl Watson seine wissenschaftlichen Rivalen einschüchterte und sie als fantasielose »Briefmarkensammler« ver-

höhnte, wurden viele seiner Studenten berühmte Wissenschaftler, und zwar, weil er – wie es einer von ihnen formulierte – »immer die richtige Mischung aus Angst und
Paranoia um sich verbreitete und uns damit zu Höchstleistungen anspornte«.

Chefs, die effektive Arschlöcher sind, haben in den
meisten Fällen auch eine andere, angenehmere Seite und
treiben ihre Leute sowohl mit der »Peitsche«, sprich mit
Strafen und Demütigungen, wie mit dem »Zuckerbrot«
hart erkämpfter Anerkennung und Zuneigung an. Bob
Knights Neigung zu cholerischen Ausbrüchen einerseits
wurde bereits angesprochen, andererseits konnte er sich
herzlich und ermutigend gegenüber seinen Spielern zeigen.
Der umfassend dokumentierte psychologische »Kontrast-
effekt« hilft mit zu erklären, warum Führer wie Knight,
deren Verhalten ihren Untergegebenen gegenüber zwischen (hauptsächlich) Demütigungen und Herabsetzungen einerseits und (gelegentlicher) Herzlichkeit und Anerkennung andererseits schwankt, so viel Loyalität und
Leistungswillen hervorrufen können.

Nach diesem Prinzip funktioniert auch die »Guter
Bulle, böser Bulle«-Taktik; Kriminelle sind eher bereit,
ihre Verbrechen zu gestehen – und Schuldner, ihre Außenstände zu begleichen –, wenn sie entweder mit je einem
freundlichen und einem feindseligen »Beeinflusser« oder
mit einer Person konfrontiert werden, die zwischen beiden Rollen hin- und herwechselt. Der Kontrast verleiht
den Drohungen des bösen Polizisten mehr Gewicht (und
damit auch der Strafe und der Erniedrigung) und lässt
gleichzeitig den guten Polizisten herzlicher und verständ-
nisvoller erscheinen (und damit als jemanden, dessen
Wohlwollen man sich erhalten sollte). Dieser Effekt bleibt
aus, wenn der Verdächtige nur von einem guten oder nur
von einem bösen Bullen vernommen wird. Auf vergleichbare Weise verstärkten sich die motivierenden Effekte von

Bob Knights Gehässigkeit und seiner Herzlichkeit, was seine Spieler dazu brachte, alles in ihrer Macht Stehende zu tun, um einerseits seinem Zorn zu entgehen und andererseits im Glanz seines Lobs zu baden. Eine ähnliche Doppelmotivation treibt Rod Kramer zufolge die Leute, die für Steve Jobs arbeiten, zu größtmöglicher Perfektion an: Jobs strahlt einerseits massives Vertrauen in seine Leute (und sich selbst) aus und zeigt eine ebenso massive Enttäuschung, wenn sie seine Erwartungen nicht erfüllen. »Du hattest einfach furchtbare Angst, ihn zu enttäuschen«, drückte es ein ehemaliger Pixar-Mitarbeiter aus. »Er glaubte so absolut an dich, dass allein schon der Gedanke, ihn zu enttäuschen, dich fast umbrachte.«

Niederträchtige, ignorante und faule Leute zur Vernunft bringen

Leider gibt es, selbst wenn Sie kein amtliches Arschloch sind und die Zeitgenossen, die dieses Etikett zu Recht tragen, verachten und wie die Pest meiden, immer wieder Zeiten, in denen es hilfreich ist, in die Rolle eines temporären Arschlochs zu schlüpfen, um etwas zu bekommen, was Sie benötigen oder verdient haben. Zivilisierte Menschen, die sich nie beschweren oder streiten, geben zwar eine sehr angenehme Gesellschaft ab, laufen aber auch Gefahr, von gemeinen, gleichgültigen oder habgierigen Leuten überrollt zu werden. Es ist eben doch das quietschende Rad, das geschmiert wird.

Ein Beispiel: Legen Sie nicht sofort Widerspruch ein, wenn Ihre Krankenversicherung die Zahlung einer Arztrechnung verweigert, sind Ihre Chancen, dass die Versicherung die Entscheidung später revidiert und Ihnen doch einen Scheck schickt, praktisch gleich null. Beschweren Sie sich aber sofort, stehen Ihre Chancen weitaus besser. Laut einer neueren, von Wissenschaftlern der Rand Corporation und der Harvard University durchgeführten Studie wurden von 405 Widersprüchen, die Patienten bei US-Versicherungsgesellschaften eingereicht hatten, weil diese sich geweigert hatten, die Kosten für eine Behandlung in der Notaufnahme zu übernehmen, 90 Prozent stattgegeben und im Schnitt 1 100 Dollar ausbezahlt.

Natürlich sollten Sie sowohl im Interesse Ihrer eigenen geistigen Gesundheit wie auch der Ihrer Zielpersonen bei allen Beschwerden und sonstigen Aktionen, mit denen Sie versuchen, das zu bekommen, was Ihnen zusteht, und die Leute auf der Gegenseite zur Vernunft zu bringen, zunächst höflich bleiben. Aber es gibt Zeiten und Situationen, wo die einzige Methode, sich Gehör zu verschaffen, darin zu bestehen scheint, laut zu werden oder sogar einen strategischen Wutanfall zu erleiden. In den 1990er Jahren machte ich eine Studie über die Mitarbeiter von Telefoninkassogesellschaften. Ich hörte stundenlang den Gesprächen der Geldeintreiber mit Schuldnern zu, absolvierte ein einwöchiges Training und führte dann selbst 20 Stunden lang Telefonate mit Leuten, die mit ihren Visa- und Mastercard-Raten im Verzug waren.

In dem von mir untersuchten Inkassobüro wurde uns beigebracht, feindselig reagierende Schuldner nicht »in die Mangel zu nehmen«, da die ja sowieso schon aufgebracht genug wären. Die Herausforderung bestand vielmehr darin, sie zu beruhigen und ihre Aufmerksamkeit auf die Bezahlung der Außenstände zu lenken. Im Gegenzug sollten wir Schuldner, die sich am Telefon allzu gelassen oder gar gleichgültig gaben, umso härter anpacken. Geschickte Geldeintreiber schlugen bei Leuten, die sich nicht »genug Sorgen« wegen ihrer überfälligen Rechnungen zu machen schienen, einen strengen und missbilligenden Ton an und arbeiteten mit (legitimen) Drohungen wie: »Haben Sie eigentlich vor, jemals ein Haus zu kaufen? Oder ein Auto? Wenn ja, dann sollten Sie die Rechnung besser jetzt sofort begleichen.« Die besten Schuldeneintreiber waren die, die nette, entspannte oder scheinbar gleichgültige Schuldner mies behandelten – weil das half, diese säumigen Zahler aus ihrer Ruhe aufzuscheuchen und ein Gefühl der Dringlichkeit zu erzeugen.

Manchmal hat man es auch mit Leuten zu tun, die so ignorant oder inkompetent oder beides zugleich sind, dass die einzige Methode, ihnen die Brisanz der Lage zu verdeutlichen, darin besteht, einen *strategischen Wutausbruch* zu inszenieren. Selbst diejenigen unter uns, für die die Fähigkeit, einen Tobsuchtsanfall zu inszenieren, nicht zu den beruflichen Kernkompetenzen gehört, greifen, wenn gar nichts anderes mehr funktioniert, gelegentlich zu diesem Mittel. Lassen Sie mich erzählen, was meiner Frau Marina, unseren drei Kindern und mir im Sommer 2005 auf dem Rückflug mit der Air France von Florenz via Paris nach San Francisco widerfuhr. Als wir auf dem Flughafen in Florenz eincheckten, erklärte uns die Air-France-Mitarbeiterin, sie könne uns leider keine Bordkarten für die Teilstrecke Paris–San Francisco ausstellen. (Später erfuhren wir von einer anderen Air-France-Mitarbeiterin, dass sie das sehr wohl hätte tun können und »wahrscheinlich einfach nur zu faul« gewesen war.) Weil unser Flug nach Paris auch noch Verspätung hatte, blieben uns dort weniger als 30 Minuten, um uns den langen Weg durch den weitläufigen Flughafen zu bahnen, die zahlreichen Sicherheitskontrollen zu passieren und unsere fünf Bordkarten zu besorgen.

Als wir schließlich den Transitschalter erreichten, hatten wir noch knapp 15 Minuten. Hinter dem Schalter standen etwa acht Mitarbeiter, es gab keine Schlange, keinen anderen Fluggast, nur die Mitarbeiter, die sich angeregt unterhielten. Nachdem ich mehrere Minuten lang ebenso höflich wie erfolglos versuchte hatte, sie auf unsere Notlage aufmerksam zu machen, wandte ich mich zu meiner

Frau und meinen Kindern um und sagte: »Ich glaube, ich werde jetzt brüllen müssen. Mir bleibt keine andere Wahl. Ich werde sofort wieder damit aufhören, wenn sie sich endlich bequemen, uns zu helfen.« Damit drehte ich mich wieder um und fing an, mich laut schreiend darüber auszulassen, wie spät wird dran seien, wie schlecht man uns bereits behandelt habe und dass sie uns gefälligst *jetzt sofort* helfen sollten. Ich war wirklich laut und gemein. Als sie sich daraufhin tatsächlich des Problems annahmen und feststellten, wie wenig Zeit uns noch blieb, verfielen sie in hektische Aktivität. Ich hörte auf zu schreien, trat vom Schalter zurück, entschuldigte mich bei meinen Kindern und erklärte ihnen nochmals, dass es sich bei dem, was ich da gerade vorgeführt hatte, um einen strategischen Wutanfall gehandelt habe. Den Rest der Verhandlungen überließ ich meiner ruhigen, höflichen und verständnisvollen Frau Marina (ein bisschen »guter Bulle, böser Bulle« war also auch mit dabei). In Windeseile druckten sie die Bordkarten aus, deuteten auf unser Gate und sagten: »Rennen Sie so schnell Sie können, vielleicht schaffen Sie es ja noch.« Und wir schafften es, wenn auch mit knapper Not.

Selbst wenn ich heute an diese Episode zurückdenke, weiß ich nicht, was ich sonst hätte tun können, um die Aufmerksamkeit dieser indifferenten und ignoranten Air-France-Angestellten auf unsere missliche Lage zu lenken.

Zum guten Schluss:
Einige Vorzüge sind real, die meisten aber gefährliche Illusionen

Die unselige Wahrheit lautet: Hin und wieder lohnt es sich tatsächlich, sich wie ein Arschloch aufzuführen. Wenn Sie den inneren Mistkerl von der Kette lassen, kann Ihnen das helfen, mehr Macht zu gewinnen, Rivalen zu besiegen,

durch Angst zu mehr Leistung zu motivieren und igno-
rante und inkompetente Leute zur Vernunft zu bringen.
Und ja, es einem anderen Arschloch mit gleicher Münze
heimzuzahlen fühlt sich nicht nur gut an, es ist auch Ihrer
geistigen Gesundheit zuträglich.

Es gibt noch andere Gründe. Ein weiterer möglicher
Anlass dafür, sich wie ein Arschloch aufzuführen, ist der
Wunsch, in Ruhe gelassen zu werden entweder, weil Sie
eine dringende Arbeit erledigen müssen oder weil Sie im
Moment einfach die Schnauze gestrichen voll von anderen Leuten haben. In solchen Situationen können finste-
res Starren, abweisendes Knurren und andere Formen des
offen zu Schau gestellten Unmuts bei der Abschreckung
unerwünschter Eindringlinge wahre Wunder wirken. Wie
mir an der Stanford University über die Jahre hinweg aufgefallen ist, können Professoren, die unangemeldete Besuche mit einem wütenden Knurren quittieren, nahezu
störungsfrei in ihren Büros arbeiten. Bei denjenigen dagegen, die jeden unangemeldeten Besucher mit einem Lächeln begrüßen, drücken sich Studenten, Fakultätsange-
stellte und Kollegen die Klinke in die Hand. Die »Guter
Bulle, böser Bulle«-Masche funktioniert hier also ebenfalls.
Vor Jahren hatte ich eine Koautorin, die jeden, der an
meine Bürotür klopfte, während wir arbeiteten, mit ver-
schränkten Armen und offen feindseligen Blicken begrüß-
te. Die Eindringlinge verstanden ihre Botschaft recht
schnell und machten sich nicht nur zügig wieder aus dem
Staub, sondern klopften hinfort auch kaum mehr an meine Tür. Dank der abweisenden Haltung meiner Koautorin konnte ich meinen Ruf als netter Kerl bewahren und
trotzdem meine Arbeit getan bekommen.

Ich habe die wichtigsten Lektionen dieses Kapitels in
einer kurzen Liste unter der Überschrift »Möchten Sie
ein effektives Arschloch sein?« zusammengefasst. Die
darin enthaltenen Tipps können Ihnen helfen, das für Sie

selbst und Ihre Organisation bestmögliche Arschloch zu werden:

Möchten Sie ein effektives Arschloch sein?
Fünf wichtige Lektionen

1. **Offen gezeigter Zorn und Gemeinheit können effektive Instrumente zum Machterwerb sein.** Steigen Sie an die Spitze der Meute auf, indem Sie Ihre »Kollegen« mit Zorn und offener Kritik statt mit Mitgefühl behandeln und so aus dem Weg räumen oder George S. Patton nacheifern und ein überzeugendes »Generalsgesicht« aufsetzen.

2. **Gemeinheit und Einschüchterung eignen sich besonders gut dazu, Konkurrenten aus dem Weg zu räumen.** Folgen Sie den Fußstapfen der Baseballlegende Ty Cobb und halten Sie Ihre Gegner mit Mobbing, Bedrohungen, Demütigungen und Psychoterror klein.

3. **Wenn Sie Ihre Leute mit Angst und Demütigung motivieren, sollten Sie (zumindest gelegentlich) Ermutigung und Anerkennung einstreuen.** Setzen Sie abwechselnd »Zuckerbrot« und »Peitsche« ein, der Kontrast zwischen beidem wird Ihren Zorn gewaltiger und Ihre gelegentliche Herzlichkeit süßer wirken lassen.

4. **Bilden Sie ein »toxisches Tandem«.** Wenn Sie ein Fiesling sind, bilden Sie ein Team mit jemandem, der auf die Leute eingehen und das von Ihnen angerichtete Chaos bereinigen kann und damit die Leute aus Dankbarkeit dem »guten Bullen« gegenüber zu Extragefallen und Sonderschichten motiviert. Falls Sie »zu lieb« sind, »mieten« Sie sich einen Widerling, beispielsweise einen Berater von einer Zeitarbeitsfirma oder einen Anwalt.

5. **Sich ausschließlich wie ein Arschloch zu verhalten funktioniert nicht.** Effektive Arschlöcher verstehen es, ihr Gift zum genau richtigen Zeitpunkt freizusetzen und dann, wenn sie ihr Opfer ausreichend beschädigt oder gedemütigt haben, den Hahn wieder zuzudrehen.

Aber seien Sie gewarnt. Wie ich schon zu Beginn des Kapitels sagte, sind die hier präsentierten Ideen inhärent gefährlich. Destruktive Despoten können sie dazu missbrauchen, sich selbst und ihre miesen Machenschaften zu rechtfertigen und zu verherrlichen. Das Beweismaterial (siehe Kapitel 2) lässt keinen Zweifel zu: Arschlöcher, und insbesondere amtliche Arschlöcher, richten viel mehr Schaden an, als sie Gutes tun. Natürlich gibt es da draußen erfolgreiche Arschlöcher, aber Sie müssen sich nicht wie ein Kotzbrocken aufführen, um Erfolg im Beruf zu haben oder ein erfolgreiches Unternehmen zu führen, wie eine Vielzahl überaus erfolgreicher und zugleich mitfühlender und warmherziger Menschen belegt. Ich denke dabei an Unternehmensführer wie A. G. Lafely von Procter & Gamble, John Chambers von Cisco, Richard Branson von Virgin und Ann Mulchay von Xerox. Ich denke an Oprah Winfrey und an einen der rücksichtsvollsten und höflichsten Superstars aller Zeiten, an Elvis Presley. Außerdem sollte darauf hingewiesen werden, dass in den letzten Jahren viele als Menschenschinder beleumundete Konzernbosse ihren Job verloren haben, und zwar zumindest zum Teil wegen ihres miesen Verhaltens. Beispiele dafür sind Michael Eisner von Disney, Linda Wachner von Warnaco und Al Dunlap von Sunbeam.

Außerdem gilt: Organisationen, die auf Mitgefühl setzen und Angst als Motivator ablehnen, locken die besseren Leute an, haben geringere Fluktuationskosten, gehen offener und effektiver mit Ideen um, leiden weniger häufig unter dysfunktionaler interner Konkurrenz und bringen überlegene Leistungen. Mit anderen Worten: Unternehmen können sich einen Konkurrenzvorteil verschaffen, wenn sie ihren Mitarbeitern Respekt erweisen, sie zu effektiven und humanen Managern erziehen, ihnen die Zeit und Mittel zur Verfügung stellen, für sich selbst und ihre Familien zu sorgen, Entlassungen nur als allerletztes

Mittel einsetzen und ein Umfeld schaffen, in dem man gefahrlos Kritik äußern, neue Dinge ausprobieren und offen über Fehler reden kann. Einen Platz auf der *Fortune*-Liste der »100 besten Arbeitgeber« zu erringen setzt eine überlegene finanzielle Performance voraus. Und dass die finanzielle Performance auf lange Sicht mehr davon profitiert, wenn Mitarbeiter mit Würde und Respekt behandelt werden, als wenn versucht wird, auf Biegen und Brechen sofort möglichst hohe Gewinne zu erzielen, wird durch zahllose Studien namhafter Wissenschaftler belegt, darunter, um nur ein paar zu nennen, Mark Huselid von der Rutgers University sowie Charles O'Reilly und Jeff Pfeffer von der Stanford University.

Damit stellt sich eine wichtige Frage: Warum verhalten sich so viele Leute wie Arschlöcher und halten das im Allgemeinen auch für effektiv, wenn doch so viele Beweise dafür vorliegen, dass ein solches Verhalten schlicht dumm ist? Meine Vermutung lautet, dass viele Arschlöcher aufgrund mehrerer ineinander greifender Merkmale der menschlichen Urteilsfähigkeit und des Lebens in Organisationen außerstande sind, die Wahrheit zu erkennen. Falls Sie den Verdacht hegen, dass Sie selbst – oder jemand, den Sie kennen – unter einer derartigen Selbsttäuschung bezüglich der Effektivität leiden, lesen Sie die folgende Liste »Warum Arschlöcher sich selbst zum Narren halten«.

Warum Arschlöcher sich selbst zum Narren halten. Leiden Sie unter Effektivitätsverblendung?

1. Sie und Ihre Organisation sind *trotz* und nicht *wegen* der Tatsache effektiv, dass Sie ein mieser Menschenschinder sind. **Sie begehen den Fehler, den Erfolg auf die Vorzüge Ihres fiesen Verhaltens zurückzuführen, während Sie damit in Wahrheit die Performance schwächen.**

2. Sie verwechseln Ihr erfolgreiches Machtstreben mit organisatorischem Erfolg. **Die Fähigkeiten, die Ihnen zu einem einflussreichen Job verhelfen, sind andere als die, die Sie brauchen, um diesen Job gut zu machen – und oft genug sogar das genaue Gegenteil davon.**

3. Die Lage ist schlecht, aber die Leute erzählen Ihnen nur Gutes. **Die Leute haben Angst, Ihnen schlechte Nachrichten zu überbringen (»Köpft den Überbringer«-Problem), weil Sie ihnen die Schuld geben und sie demütigen werden. Also glauben Sie, alles wäre in Butter, während es in Wahrheit an allen Ecken und Enden knirscht.**

4. Die Leute spielen Theater, wenn Sie in der Nähe sind. **Angst veranlasst die Menschen dazu, sich »richtig zu verhalten«, wenn Sie zugegen sind. Sobald Sie wieder weg sind, kehren sie zu ihrem normalen, weniger engagierten oder gar destruktiven Verhalten zurück – was Sie nicht mitbekommen.**

5. Die Leute arbeiten, um Ihrem Zorn zu entgehen, statt das zu tun, was am besten für die Organisation wäre. **Die Mitarbeiter, die Ihren Managementstil ertragen können, verwenden ihre Energie eher darauf, nicht getadelt zu werden, als darauf, Probleme zu lösen.**

6. Sie entrichten »Arschlochsteuern«, ohne das zu wissen. **Sie sind ein solches Ekelpaket, dass Leute nur gegen eine Extraprämie für Sie und Ihr Unternehmen arbeiten.**

> 7. Ihre Feinde halten (noch) still, aber ihre Zahl nimmt be-
> ständig zu. **Mit Ihrem menschenverachtenden Ver-**
> **halten schaffen Sie sich Tag für Tag neue Feinde,**
> **und Sie merken das nicht einmal. Noch haben Ihre**
> **Feinde nicht die Macht, Sie zum Teufel zu jagen,**
> **aber sie stehen bereit für den Tag, an dem es so**
> **weit ist.**

Für die soeben aufgeführten Phänomene sind hauptsächlich drei große blinde Flecken verantwortlich. Der erste
besteht darin, dass die meisten Tyrannen trotz und nicht
wegen ihres menschenverachtenden Stils Erfolg haben,
sie selbst aber irrtümlicherweise zu der Überzeugung gelangen, ihr fieses Verhalten sei entscheidend für ihren Erfolg. Ein Grund, warum dem so ist, besteht in der in zahlreichen psychologischen Studien nachgewiesenen Neigung der meisten Menschen, nach Fakten zu suchen und
nur solche zu erinnern, die ihre Vorurteile bestätigen – und
Fakten zu übersehen und zu verdrängen, die ihren hoch
geschätzten Überzeugungen widersprechen. Das Profieis-
hockey bietet ein interessantes Beispiel dafür. Je mehr
Kämpfe ein Team anzettelt, so eine weit verbreitete Ansicht unter Leuten, die mit dem Sport zu tun haben, umso
mehr Spiele gewinnt es, weil es seine Gegner damit phy-
sisch und psychisch einschüchtert. Laut einer Studie jedoch, für die über 4 000 Profispiele der nordamerikani-
schen Eishockeyliga aus den Jahren 1987 bis 1992 ausge-
wertet wurden, verloren Teams umso häufiger, je mehr
Kämpfe (gemessen an den für Tätlichkeiten gegen das Team
verhängten Strafen) sie vom Zaun brachen. Natürlich
kann ein Team, das viel kämpft, immer noch auf andere
Weise davon profitieren. Schließlich, sagte Don Cherry,
der bekannteste Eishockeykommentator Kanadas, gegenüber der *New York Times*, »lieben die Spieler Kämpfe,

lieben die Fans sie und lieben die Trainer sie«. Nach allem aber, was wir wissen, bedeuten weniger Kämpfe mehr Siege, selbst wenn die meisten Leute, die mit Eishockey zu tun haben, das hartnäckig anders sehen.

Der zweite blinde Fleck rührt von der fatalen Neigung vieler Menschen her, die Taktiken, die ihnen auf dem Weg an die Spitze geholfen haben, mit denen zu verwechseln, die sich am besten zur Führung eines Teams oder eines Unternehmens eignen. Das Einschüchtern und Schlechtmachen anderer kann, wie wir gesehen haben, insbesondere in Unternehmen mit einer von Konkurrenz und Feindseligkeit geprägten Kultur dazu beitragen, Macht zu gewinnen. Allerdings hat die Sache einen Haken: Die Effektivität von Teams und Organisationen hängt davon ab, das Vertrauen und die Kooperationsbereitschaft der Menschen inner- und außerhalb der eigenen Gruppe oder Organisation zu gewinnen. Wenn Führer ihre Untergebenen demütigen und Partner aus anderen Unternehmen, Lieferanten oder Kunden eher als Feinde denn als wertvolle Freunde behandeln, leidet die ganze Organisation darunter. Natürlich gibt es immer wieder hinterhältige Menschenschinder, die sich auf Kosten anderer zu einflussreichen Positionen aufschwingen und es schaffen, ihre Macht mit den alten rüden Methoden abzusichern. Doch wenn sie ihr destruktives Verhalten und ihren Ruf, Angst und Schrecken zu verbreiten, nicht ablegen, fällt es ihnen sehr schwer, das Vertrauen und die Bereitschaft zur Zusammenarbeit aufzubauen, ohne die Teams und Organisationen keine Spitzenleistungen bringen können.

Für den dritten blinden Fleck sind die Verteidigungsstrategien verantwortlich, die erfahrene Opfer zum Schutz vor Vergeltungsaktionen ergreifen und in deren Folge Arschlöcher nicht in der Lage sind, den von ihnen angerichteten Schaden zu erkennen. So lernen die Opfer meist schnell, dem Tyrannen nur gute Nachrichten zu überbringen und schlechte Nachrichten totzuschweigen oder gar aktiv zu vertuschen, um keinen Unmut zu erregen, eine Strategie, die mit zur Selbsttäuschung von Arschlöchern bezüglich ihrer Effektivität beiträgt. Außerdem ziehen die Opfer in ihrer Gegenwart häufig eine »Show« ab. Beobachtet der Boss oder ein anderer Vorgesetzter sie bei der Arbeit, legen sie sich mächtig ins Zeug, um sich, sobald der Kotzbrocken verschwunden ist, wieder ihrem üblichen Trott hinzugeben. Also schreiten die Despoten in dem Irrglauben durch ihre Welt, sie würden die Leute zu Höchstleistungen motivieren, während das in Wahrheit nur in den wenigen Momenten passiert, in denen sie sich ihnen aktiv aufdrängen. Leute mit Erfahrung in Sachen »Arschlochbossmanagement« wissen darüber hinaus, dass ihr Überleben viel mehr davon abhängt, sich gegen Schuldzuweisungen, Demütigungen und Vergeltungsschläge zu schützen, als davon, das zu tun, was für ihre Organisationen am besten ist.

Auch Außenstehende lernen, wie man die Herrschaft von Tyrannen überlebt oder daraus sogar Kapital schlagen kann. Arschlochsteuern sind ein gutes Beispiel dafür: Ich habe mit mehreren Managementberatern sowie etlichen unabhängigen Computertechnikern und Handwerkern gesprochen, die ungeliebten Klienten Aufschläge in Rechnung stellen – häufig ohne dass die Betroffenen das überhaupt bemerken. Eine solche Arschlochsteuer hat einen doppelten Effekt: Erstens schreckt sie diese Klientel ab, zweitens kann, wer doch für die Mistkerle arbeitet – sagen wir für das Doppelte gegenüber dem normalen Tarif – das vor sich selbst mit dem Hinweis rechtfertigen, dass »sie zwar Arschlöcher sein mögen, ich sie aber dafür bluten lasse und davon auch noch profitiere«. Vor allem werden die Widerlinge, obwohl sie sich dieses selbst verschuldeten Schadens gar nicht bewusst sind, einmal mehr bestraft – weil sie entweder nicht die besten Leute bekommen oder für deren Dienste mehr bezahlen müssen.

Was Arschlöchern ebenfalls häufig nicht klar ist: Jedes Mal, wenn sie andere demütigen – ihnen zum Beispiel gehässige Blicke zuwerfen, sie hänseln, fiese Witze auf ihre Kosten machen, sie wie Luft behandeln oder sich ihnen gegenüber durch unerträgliche Selbstüberheblichkeit hervortun –, wird die Liste ihrer Feinde ein wenig länger. Die meisten ihrer Feinde werden aus Angst schweigen, zumindest eine Weile. Aber die Zahl der Feinde und deren Macht nehmen beständig zu, und sie warten nur auf den Tag, an dem die Position des Despoten geschwächt wird, beispielsweise durch Performanceprobleme innerhalb der Organisation oder einen kleinen Skandal. Dann schlagen sie zu. Es ist unmöglich, Macht auszuüben, ohne hie und da ein paar Menschen zu verärgern und vor den Kopf zu stoßen, doch Leute, die auf andere kaltherzig, unfreundlich und unangenehm wirken, schaffen sich damit oft mehr Feinde, als ihnen bewusst ist.

Lassen Sie mich zum Abschluss dieses Kapitels meine persönliche Einstellung unmissverständlich klarstellen. Selbst wenn es keinerlei positive Effekte auf die Performance hätte, gemeine und demütigende Leute außen vor zu halten, auszustoßen oder umzuerziehen, würde ich Organisationen trotzdem raten, die Anti-Arschloch-Regel durchzusetzen. Dieses Buch will nicht nur eine objektive Zusammenfassung zum aktuellen Stand der Theorie und Forschung darüber bieten, wie Arschlöcher die Effektivität von Organisationen untergraben. Ich habe es auch geschrieben, weil mein Leben und das der Menschen, die mir am Herzen liegen, zu kurz und kostbar ist, als dass wir es uns leisten könnten, unsere Tage inmitten von Arschlöchern zu verbringen.

Und ungeachtet meines wiederholten Versagens in dieser Hinsicht fühle ich mich dazu verpflichtet, anderen den Anblick meines »inneren Mistkerls« zu ersparen. Ich frage mich, wie so viele Arschlöcher die Tatsache übersehen können, dass alles, was wir auf dieser Erde haben, die Tage unseres Lebens sind, und dass die Arbeit und die Interaktionen mit den Menschen an unserem Arbeitsplatz für viele von uns einen großen Teil unseres Lebens ausmachen. Steve Jobs ist bekannt dafür, Konfuzius' Ausspruch »Der Weg ist das Ziel« zu zitieren, aber so sehr ich ihn für seine Leistungen bewundere, hat er meiner Meinung nach nicht verstanden, worauf es wirklich ankommt. Schlussendlich müssen wir alle sterben, und ungeachtet aller »rationalen« Vorteile, in deren Genuss Arschlöcher kommen mögen, ziehe ich es vor, meine Tage nicht in Gesellschaft böswilliger Bastarde zu verbringen, und ich werde mich weiter mit der Frage beschäftigen, warum so viele von uns so viel schlechtes Verhalten von so vielen Leuten nicht nur tolerieren, sondern auch rechtfertigen und sogar verherrlichen.

7

Die Anti-Arschloch-Regel
als Lebensweise

Das erste Mal, dass ich von einem Buch über Arschlöcher hörte, war vor über 30 Jahren, und zwar in einem italienischen Restaurant namens Little Joe's, in dem die Gäste an einem langen Tresen gegenüber der einsehbaren Küche saßen. Die meisten der Gäste kamen wegen des extravaganten Kochs, der Lieder sang, mit ihnen und den Kellnern scherzte und zur Unterhaltung beim Kochen immer wieder eindrucksvolle, mit Olivenöl genährte Flammen in die Höhe schießen ließ. Die Angestellten trugen T-Shirts mit dem Aufdruck »Rain or shine, there is always a line« – »Ob Sonne oder Regen, eine Schlange wird es immer geben« –, und selbst das Warten in der Schlange auf einen Platz machte wegen des pausenlosen neckischen Geplänkels und Herumalberns Spaß. Eines Tages wartete ich mit Freunden hinter einem besonders ungehobelten Gast, der am Tresen saß. Er machte rüde Kommentare und versuchte die Kellnerin in den Hintern zu zwicken, mokierte sich über den Geschmack seines Kalbsschnitzels alla Parmigiana und beleidigte Gäste, die ihm sagten, er solle mal die Luft anhalten.

Ungerührt versprühte dieser Widerling weiterhin sein Gift, bis ein Gast auf ihn zuging und (mit lauter Stimme) sagte: »Sie sind eine ganz erstaunliche Person. Ich habe schon überall nach jemandem wie Sie gesucht. Ich liebe es, wie Sie sich in Szene setzen. Könnte ich bitte Ihren Namen haben?« Zuerst wirkte der Kotzbrocken verwirrt, doch dann schien er sich geschmeichelt zu fühlen, bedankte sich für das Kompliment und nannte seinen Namen. Ohne mit der Wimper zu zucken schrieb der Fragesteller den Namen auf und sagte: »Danke, ich weiß das zu schätzen. Wissen Sie, ich schreibe ein Buch über Arschlöcher ... und Sie sind die absolut perfekte Figur für Kapitel 13.« Der ganze Laden brach in lautes Gelächter aus und die Kellnerin strahlte vor Vergnügen, während das Arschloch knallrot anlief, nichts mehr sagte und sich bald darauf verdrückte.

Diese Geschichte ist mehr als nur eine schöne und witzige Erinnerung. In diesem kleinen Vorfall bei Little Joe's spiegeln sich sieben zentrale, dieses Buch durchziehende Lektionen über die Anti-Arschloch-Regel wider.

1. Ein paar unausstehliche Widerlinge reichen aus, um die von zahllosen anderen Menschen ausgehende Herzlichkeit zunichte zu machen

Das Gift, das dieser eine Kotzbrocken verspritzte, reichte aus, allen anderen den Abend bei Little Joe's zu vermiesen. Erinnern Sie sich: Will man die Anti-Arschloch-Regel in einer Organisation möglichst effizient durchsetzen, sollte man zunächst alle Leute loswerden, die andere niederdrücken. Und denken Sie daran, dass sich negative Interaktionen fünfmal stärker auf unsere Stimmung auswirken als positive – es braucht also eine Menge guter Leute, um den von ein paar Blutsaugern angerichteten Schaden auszugleichen. Wer Wert auf einen zivilisierten Arbeitsplatz legt, kann sich auch von dem CEO inspirieren lassen, der »25 gesuchte Arschlöcher«-Fahndungsplakate aufhängen ließ und sie anschließend nach und nach aus dem Unternehmen drängte. Das Erste, was Sie also tun müssen, ist, die ganzen Arschlöcher in Ihrem Unternehmen zu identifizieren und zu reformieren – oder auszusondern. Anschließend können Sie sich viel besser darauf konzentrieren, den Leuten dabei zu helfen, herzlicher und hilfsbereiter zu werden.

2. Über die Regel reden ist gut und schön, aber danach zu handeln ist, worauf es wirklich ankommt

Eine Anti-Arschloch-Regel verkünden, darüber reden, dass man »herzlich und freundlich« sein soll, oder Keine-Dumpfbacken-Poster aufhängen ist ja ganz nett. Aber all das nutzt nichts – oder schadet gar –, wenn Sie die Mitarbeiter nicht wirklich darin anleiten, ihr Verhalten zu ändern. Bei Little Joe's hingen keine Regeln an den Wänden, aber so gut wie jeder im Restaurant wusste, dass, obwohl das Essen gut war, die meisten Leute herkamen, um die gute Stimmung zu genießen, sich davon anstecken zu lassen und dazu beizutragen. Als der vorgebliche Autor den gehässigen Spielverderber öffentlich demütigte, verschaffte er damit einer ungeschriebenen Regel Geltung: Wer den Arschlocherreger verbreitet, hat nichts bei Little Joe's verloren, weil das allen anderen die gute Laune verdirbt.

Über die Regel reden oder sie aushängen ist nicht nötig, wenn die Leute sie verstehen und danach handeln. Andererseits: Wenn Sie die Regel nicht durchsetzen können, ist es besser, gleich gar nicht darüber zu reden, sonst riskieren Sie und Ihr Unternehmen nur den Ruf, heuchlerisch und von Arschlöchern infiziert zu sein. Erinnern wir uns daran, wie es Holland & Knight erging, der Anwaltskanzlei, die damit prahlte, »selbstsüchtige, arrogante und respektlose Anwälte auszumerzen« und eine Anti-Arschloch-Regel durchzusetzen. Als Insider öffentlich ihre »Abscheu« über die Heuchelei der Firma verkündeten, die eine hohe Managementposition mit einem Anwalt besetzte, dem Mitarbeiterinnen sexuelle Belästigung vorgeworfen hatten, geriet das für die Kanzlei zum PR-Desaster.

3. Die Regel lebt – und stirbt – in den kleinen Momenten

Selbst wenn Sie die richtigen Unternehmensphilosophien und Managementpraktiken zur Unterstützung der Anti-Arschloch-Regel entwickelt haben, bringt das alles nichts, solange Sie nicht den Menschen *direkt vor Ihnen genau jetzt auf die richtige Weise behandeln.*

Der Gast, der behauptete, ein Buch über Arschlöcher zu schreiben, brachte seine gelungene Beleidigung in nicht einmal einer halben Minute an den Mann. In diesem kurzen Moment bekräftigte er die Regel, dass Little Joe's ein Ort war, wo die Angestellten und Gäste Spaß hatten, lachten und Witze machten und nicht beleidigt oder gedemütigt werden wollten. Dieselbe Erkenntnis, also dass kleine, scheinbar triviale Dinge den Unterschied ausmachen, ergab die, soweit ich weiß, größte jemals in den Vereinigten Staaten durchgeführte Arschlochmanagement-Intervention, an der über 7 000 Leute an insgesamt elf Einrichtungen des US-Ministeriums für Kriegsveteranen teilnahmen. Natürlich verwendeten die Leute dieser Behörde eine weitaus zivilere Sprache – Begriffe wie Stress, Aggression und Mobbing. Aber ich sage dazu Arschlochmanagement-Intervention, weil die dafür Verantwortlichen den Angestellten beibrachten, über die kleinen gemeinen Dinge – beispielsweise Leuten gehässige Blicke zuwerfen oder sie wie Luft behandeln – nachzudenken, die sie taten, und diese abzustellen.

Anders gesagt: Sie halfen Arschlöchern, zu erkennen, wann und wie sie ihr dreckiges Werk verrichteten – und zeigten ihnen, wie man sich dieses destruktive Verhalten abgewöhnen kann.

4. Halten Sie sich ein paar exemplarische Arschlöcher

Wie der Vorfall bei Little Joe's zeigte, können richtig miese Mistkerle eine richtig gute Sache sein – vorausgesetzt, sie werden richtig gehandhabt. Dieses ausgemachte Arschloch war deswegen die »perfekte Figur für Kapitel 13«, weil es mit seinem Auftritt allen Gästen und Mitarbeitern in dem Restaurant zeigte, wie man sich an einem solchen Ort *nicht* verhält. *Aber* ich muss Sie warnen: Ein paar Mistkerlen zu erlauben, sich in Ihrem Unternehmen heimisch einzurichten, ist eine gefährliche Sache. Arschlöcher vermehren sich nämlich wie die Karnickel. Ihr Gift breitet sich schnell auf andere aus, und wenn Sie ihnen Macht über Personalentscheidungen geben, werden diese Mistkerle bevorzugt Klone ihrer selbst einstellen. Sobald Leute glauben, sie könnten damit durchkommen, andere schlecht zu behandeln, oder, schlimmer noch, dass sie dafür gelobt und belohnt werden, droht Ihre Organisation von einer Flutwelle des Psychoterrors erfasst zu werden, die aufzuhalten verdammt schwer ist.

5. Die Umsetzung der Anti-Arschloch-Regel ist nicht Aufgabe des Managements

Der hoffnungsvolle Autor im Little Joe's war kein Manager. Er war noch nicht einmal ein Angestellter. Er war nur ein Gast, der auf einen Tisch wartete.

Was ich damit sagen will: Die Anti-Arschloch-Regel ist dann am wirksamsten, wenn jeder in der Organisation sie untermauert, wann immer das notwendig ist. Die Rechnung ist ganz einfach. Angenommen, Sie arbeiten in einem Ladengeschäft mit einem Manager, 22 Angestellten und mehreren hundert Kunden, dann kann der Manager unmöglich zu jeder Zeit an jedem Ort sein und auf die Einhaltung der Regel achten – oder irgendeiner anderen Vorschrift darüber, wie die Mitarbeiter des Unternehmens sich zu verhalten haben. Wenn aber neben dem Manager jeder Mitarbeiter und jeder Kunde die Regel kennt, sie akzeptiert und die Kraft hat, sie zu unterstützen, dann ist es für einen Kunden, der sich wie ein Arschloch aufführt, weitaus schwerer, damit durchzukommen.

Leute richtig zu behandeln bedeutet, ihnen mit Respekt, Herzlichkeit und Freundlichkeit zu begegnen und davon auszugehen, dass sie nur die besten Absichten verfolgen – anders sieht es bei denjenigen aus, die demonstrieren, dass sie unverbesserliche Widerlinge sind. Und es ist viel einfacher, die Anti-Arschloch-Regel durchzusetzen, wenn sich jeder dazu verpflichtet fühlt, den Mobbern klar zu machen, dass sie mit ihrer Gehässigkeit allen anderen den Spaß verderben, und wenn – wie es dieser einfallsreiche Gast getan hat, als er den widerlichen Kerl vor aller Augen bloßstellte – jeder die Verantwortung dafür übernimmt, mit einem Druck auf die »Löschtaste« die Arschlöcher aus dem System zu katapultieren.

6. Stolz und die Angst vor einer Blamage sind mächtige Motivatoren

Was dem garstigen Gast bei Little Joe's Einhalt gebot, war das Gefühl, blamiert worden zu sein. Ich kann mich noch genau daran erinnern, wie er knallrot anlief, verstummte, stur vor sich hinstarrte, bis er sein Kalbsschnitzel verzehrte hatte, und dann mit gesenktem Blick hinausschlich. Menschen sind, wie zahlreiche anerkannte Soziologen, darunter auch Erving Goffman, nachgewiesen haben, bereit, bis zum Äußersten zu gehen, um ihr »Gesicht zu wahren«, respektiert zu werden und Bloßstellungen und Schamgefühle zu vermeiden.

Diese schlichte Erkenntnis unterstreicht und verbindet vieles von dem, was in diesem Buch steht. In Organisationen, in denen die Anti-Arschloch-Regel durchgesetzt wird, werden Leute, die ihr folgen und nicht zulassen, dass andere dagegen verstoßen, mit Respekt und Anerkennung belohnt. Wer sich jedoch nicht an die Regel hält, muss mit einer schmerzhaften und häufig öffentlichen Bloßstellung und den damit verbundenen Schamgefühlen rechnen. Natürlich geschieht das selten so unmittelbar und gründlich wie an jenem Abend im Little Joe's. In den meisten Organisationen, die die Regel beherzigen, wird die Löschtaste mittels einer subtileren Mischung aus Respekt und Bloßstellung betrieben. Aber funktionieren tut sie trotzdem.

7. Die Arschlöcher – das sind wir

Wie ich annehme, werden Sie sich bei der Geschichte aus dem Little Joe's mit den von dem Widerling beleidigten Gästen und der Kellnerin identifiziert haben. Vielleicht haben Sie sogar – wie ich – davon geträumt, nur einmal, eines schönen Tages, ein Arschloch mit demselben spontanen Witz und derselben Courage in die Schranken zu weisen.

Aber sehen wir die Sache einmal von der anderen Seite. Erinnern Sie sich an die vielen Situationen, in denen Sie der Typ am Tresen, wo Sie das Arschloch waren? Ich wünschte, ich könnte von mir behaupten, niemals dieser Kerl gewesen zu sein, aber das hieße, Ihnen ins Gesicht zu lügen – zumal ich mich in diesem Buch ja bereits mehrfach der Schuld bekannt habe. Wer immer eine arschlochfreie Umgebung schaffen möchte, sollte zuerst einen ehrlichen Blick in den Spiegel werfen. Wann waren Sie das letzte Mal ein Arschloch? Wann und wie oft haben Sie den Erreger eingefangen und ihn weitergegeben? Was können Sie tun – beziehungsweise haben Sie getan –, um das Arschloch in Ihnen davon abzuhalten, auf andere loszugehen?

Der wichtigste Schritt besteht darin, da Vincis Regel zu beherzigen und gehässigen Menschen und von ihnen infizierten Orten aus dem Weg zu gehen. Das bedeutet: Widerstehen Sie der Versuchung, mit einem Haufen Arschlöcher zu arbeiten, egal, welche Vorzüge und Vorteile der Job bietet. Es bedeutet auch: Sollten Sie diesen Fehler bereits begangen haben, machen Sie sich so schnell wie möglich aus dem Staub. Vor allem aber erinnern Sie sich daran, was auf dem Anstecker von Dave Sanford stand: ZU ERKENNEN, DASS MAN EIN ARSCH-LOCH IST, IST DER 1. SCHRITT.

Fazit

Die Essenz dieses kleinen Buches ist ziemlich schlicht: Uns allen ist nur eine bestimmte Zeit auf Erden gegeben. Wäre es da nicht wundervoll, wenn wir alle durch unser Leben schreiten könnten, ohne auf Menschen zu treffen, die uns mit ihren entwürdigenden Worten und demütigenden Handlungen niederdrücken?

Dieses Buch verfolgt das Ziel, diese Zeitgenossen auszusondern und ihnen eine Lehre zu erteilen, wenn sie das Selbstwertgefühl und die Würde anderer Menschen mit Füßen treten. Wenn Sie die Schnauze gestrichen voll davon haben, in »Jerk City« zu arbeiten, sprich in einem von Arschlöchern verseuchten Unternehmen, und jeden Tag die Arschloch-Allee hinunterzumarschieren, nun, dann liegt es mit an Ihnen, einen zivilisierten Arbeitsplatz aufzubauen und zu gestalten. Natürlich ist Ihnen das längst klar. Aber ist es nicht langsam an der Zeit, damit auch anzufangen?

Lieber Leser,

wie Sie in diesem Buch gesehen haben, habe ich viel von den Leuten gelernt, die mir Geschichten und Anregungen für *Arschloch-Faktor* geschickt haben. Ich würde das gern fortsetzen. Wenn Sie mir also eine E-Mail über Ihre Erfahrungen mit Arschlöchern, darüber, wie Sie sie zähmen oder ertragen konnten oder irgendetwas anderes schicken möchten, besuchen Sie bitte mein Blog unter www.bobsutton.net und klicken Sie auf »Email me« oben links. Sie müssten allerdings bitte auf Englisch schreiben, da ich kein Deutsch spreche. In diesem Blog können Sie auch weitere Geschichten über Arschlöcher am Arbeitsplatz lesen und eigene Kommentare dazu abgeben, erfahren Sie mehr über die neueste Forschung zum Thema und erhalten eine Fülle weiterer Nachrichten und Informationen.

Bitte beachten Sie: Indem Sie mir Ihre Geschichte schicken, erteilen Sie mir die Erlaubnis, sie zu verwenden – in Artikeln, Büchern, Vorträgen oder was auch immer. Aber ich verspreche Ihnen, Ihren Namen nicht ohne Ihre ausdrückliche Einwilligung zu verwenden.

Ich freue mich darauf, von Ihnen zu hören.

Robert Sutton
Stanford University

Weiterführende Literatur

Falls Sie mehr über niederträchtige Menschen erfahren möchten, über den Schaden, den sie anrichten, und wie man ihnen Einhalt gebietet, finden Sie hier neben einer Auswahl einiger der meiner Meinung nach besten Bücher, Artikel und Beiträge zu dem Thema auch die Titel einiger meiner Lieblingsbücher über berühmte Arschlöcher und über Menschen und ihre Arbeitsplätze.

Ashforth, Blake: »Petty Tyranny in Organizations«, in: *Human Relations*, 1994, 47, S. 755-779.

Bowe, John/Bowe, Marisa/Streeter, Sabin: Gig: Americans Talk About Their Jobs at the Turn of the New Millennium, New York 2000.

Buchanan, Paul: »Is it Against the Law to be Jerk?«, Online-Essay für die Washington State Bar Association, 2001. http://www.wsba.org/media/publications/barnews/archives/2001/feb-01-against.htm

Cowan, John: Small Decencies, New York 1992.

Davenport, Noa/Schwartz, Ruth Distler/Elliott, Gail Pursell: Mobbing: Emotional Abuse in the American Workplace, Ames, Iowa, 2002.

Einarsen, Stale/Hoel, Helge/Zapf, Dieter/Cooper, Cary L.: Bullying and Emotional Abuse in the Workplace; International Perspectives on Research and Practice, London 2003.

Feinstein, John: A Season on the Brink: A Year With Bob Knight and the Indiana Hoosiers, New York 1989.

Fox, Suzy/Spector, Paul E.: Counterproductive Work Behavior: Investigations of Actors and Targets, Washington DC 2005.

Frost, Peter J.: Toxic Emotions at Work, Boston 2003.

Hornstein, Harvey: Brutal Bosses and their Prey, New York 1996.

Huselid, Mark A./Becker, Brian E./Beatty, Richard W.: The Workforce Scorecard: Managing Human Capital To Execute Strategy, Boston 2005.

Kramer, Roderick: »The Great Intimidators«, in: *Harvard Business Review*, Februar 2006, S.88-97.

MacKenzie, Gordon: Orbiting the Giant Hairball: A Corporate Fool's Guide to Surviving With Grace, New York 1996.

McLean, Bethany/Elkind, Peter: The Smartest Guys in the Room: The Amazing Rise and Scandalous Fall of Enron, New York 2003.

Moonkin, Seth: Hard News, New York 2004.

O'Reilly, Charles/Pfeffer, Jeffrey: Hidden Value: How Great Companies Achieve Extraordinary Results with Ordinary People, Boston 2000.

Pearson, Christine M./Porath, Christine L.: »On the Nature, Consequences, and Remedies of Workplace Incivility: No Time For ›Nice‹? Think Again«, in: Academy of Management Executive, Band 19, (1), 2005, S.7-18.

Pfeffer, Jeffrey: The Human Equation: Building Profits By Putting People First, Boston 1998.

Seligman, Martin: Learned Optimism: How to Change Your Mind and Your Life, New York 1998. (Deutsche Ausgabe: Pessimisten küsst man nicht. Optimismus kann man lernen, München 2001.)

Stump, Al: Cobb: A Biography, Chapel Hill 1994.

Van Maanen, John: »The Asshole«, in: Manning, P.K./Maanen, John Van (Hrsg.): Policing: A view from the streets, Santa Monica 1978, S. 231-238.

Weick, Karl: »Small Wins: Redefining the Scale of Social Problems«, in: American Psychologist, 1984, Bd. 39, S.40-49.

www.menswearhouse.com. Klicken Sie auf der Seite »common threads« an, um Näheres über die Philosophie von Men's Wearhouse zu erfahren. George Zimmer und sein Führungsteam präsentieren hier das umfassendste, von der Logik her am besten integrierte und überzeugendste Set an Richtlinien für den Aufbau eines zivilisierten Arbeitsplatzes, das ich je auf der Homepage eines Unternehmens gesehen habe – und sie erklären, warum diese Philosophie sie ihrer Meinung nach zur dominanten Macht in ihrer Branche machte.

www.media.mit.edu/press/jerk-o-meter/. Hier erfahren Sie mehr darüber, wie der Jerk-O-Meter funktioniert, und über die wissenschaftlichen Forschungen, auf denen er basiert.

Danksagung

Die Arbeit an *Der Arschloch-Faktor* hat mir– ungeachtet der üblichen von Frustration und Konfusion geprägten Phasen – Spaß gemacht, und das ist etwas, von dem ich nie geglaubt hätte, dass ich es jemals über ein Buch sagen würde. *Der Arschlochfaktor* ist mein viertes Managementbuch. Ich bin zwar auf jedes Einzelne davon stolz, aber ich muss auch zugeben, dass mir die ersten drei Bücher im Vergleich zu diesem eher schwer von der Hand gingen. Sobald die Leute den Titel hörten, überhäuften sie mich mit großartigen Geschichten, wiesen mich auf Quellen hin und erwiesen mir eine Vielzahl anderer Gefallen, die dieses Buch in das wunderbarste und anregendste Abenteuer verwandelten, das ich als Autor je erlebt habe. Oft kam es mir so vor, als müsste ich nur dem zuhören, was die Leute mir erzählten, mir ein paar Studien und Theorien zum Thema ins Gedächtnis rufen, dem zuschauen, was um mich herum passierte, darüber nachdenken, was bereits passiert war, und dann all das niederschreiben und mich bei allen aufs herzlichste zu bedanken.

Lassen Sie mich zunächst den Redakteuren danken, die mich dazu ermutigten, die Essays zu schreiben, aus denen dieses Buch hervorging. Obwohl ich davon ausging, dass Sie meine Sprache säubern oder mich zumindest fragen würden, ob diese unanständige Wortwahl denn wirklich notwendig sei, erhoben sie nicht ein einzigen Einwand dagegen, den Ausdruck »Arschloch« in ihren respektablen Publikationen abzudrucken. Die Redakteure Julia Kirby und Thomas Stewart von *Harvard Business Review* zeichneten für die Veröffentlichung von »More Trouble Than They're Worth« (»Mehr Ärger als sie wert sind«) im Februar 2004 verantwortlich, Ellen Pearlman, Chefredakteurin von *CIO Insight*, für die von »Nasty People« (»Fiese Menschen«) im Mai 2004.

Mein Dank gilt auch all den Menschen, die mir Geschichten erzählt, Hinweise gegeben und mich auf andere Weise unterstützt haben. Ich kann sie nicht alle beim Namen nennen – sowohl zum Schutz der Unschuldigen wie der Schuldigen. Zu denen, denen ich danken kann, gehören: Sally Baron, Shona Brown, Dan Denison, Steve Dobberstein, Charlie Galunic, Bob Giampietro, Liz Gerber, Julian Gorodsky, Roderick Hare, Lisa Hellrich, »Susie Q« Hosking, Alex Kazaks, Loraleigh Keashly, John Kelly, David Kelley, Tom Kelley, Perry Klebahn, George Kembel, Randy Komisar, Heleen Kist, John Lilly, Garrett Loube, Ralph Maurer, Melinda McGee, Whitney Mortimer, Peter Nathan, Bruce Nichols, Nancy Nichols, Siobhán O'Mahony, Diego Rodriguez, Dave Sanford, James Scaringi, Jeremy Schoos, Sue Schurman und Victor Seidel. Ein spezieller Dank gebührt meinem Helden, dem Schriftsteller Kurt Vonnegut, der mir mit einer handgeschriebenen Postkarte die Erlaubnis zum Abdruck seines Gedichts »Joe Heller« erteilte. Ich hüte sie wie einen Schatz.

Inspiriert wurde das Buch auch vom Department of Industrial Engineering and Engineering Management der Stanford University, dem ich in den 1980er und 1990er Jahren angehörte (und das 1999 im Department of Management Science & Engineering aufging). Dort habe ich die »Anti-Arschloch«-Regel zum ersten Mal in der praktischen Anwendung erlebt. Ich danke Jim Adams, Bob Carlson, Jim Jucker und insbesondere dem Vorsitzenden des Fachbereichs, Warren Hausman, für die wundervollen und anregenden Jahre, in denen ich von ihrem Wissen und ihrer Unterstützung profitieren durfte. Auch meinen anderen Kollegen von der Stanford University bin dafür zu Dank verpflichtet, dass sie mir in großen wie in kleinen Dingen auf vielfältige Weise geholfen haben, darunter Tom Byers, Diane Bailey, Kathy Eisenhardt, Pam Hinds,

Debra Gruenfled, Rod Kramer, Maggie Neale, Huggy
Rao und Charles O'Reilly III. Ein paar von ihnen möchte
ich für ihre weit über das Normale hinausgehende Unterstützung besonders hervorheben. Steve Barley hat mich
unermüdlich ermutigt, meine Macken geduldig ertragen,
mich über die Jahre hinweg vor mehr Arschlöchern (ein-
schließlich meiner selbst) gerettet, als ich zu zählen ver-
mag, und mich darüber hinaus über die Vorzüge des Wor-
tes »Fazit« aufgeklärt. Jeff Pfeffer ist mein bester Freund
und Kollege in Stanford; er hat mir beigebracht, wie man
Bücher schreibt, und versorgt mich mit einem nie abbre-
chenden Strom an Ideen, emotionaler Unterstützung und
beißender Kritik. Mein Dank gilt auch James Plummer,
dem Dekan der Stanford Engineering School, sowie den
Vizedekanen Laura Breyfogle und Channing Robertson,
die eine wie der andere liebenswerte Menschen und Vor-
bilder für mitfühlende und kompetente Führerschaft.
Channing führte in einer von ihm geleiteten Gruppe sogar die »Keine Widerlinge erlaubt«-Regel ein – ein Dekan
ganz nach meinem Geschmack! Und ein ganz besonderer
Dank an Roz Morf für ihr großes Engagement und dafür,
mir im Großen wie im Kleinen so vieles so viel leichter
gemacht zu haben.

Viele der Ideen, die zu diesem Buch führten, habe ich
in meiner Zeit als Fellow am Center for Advanced Study
in the Behavioral Sciences im Studienjar 2002/2003 entwickelt. Das idyllische, versteckt in einer Ecke das Stanford Campus gelegene Center bietet vom Glück begüns-
tigten Wissenschaftlern wie mir ein Refugium, an dem
wir nachdenken, schreiben und Wissenschaftler aus anderen Disziplinen kennen lernen können. Als ich das Center im Sommer 2003 verließ, war ich frustriert, weil ich
zwei Bücher begonnen, aber keines davon abgeschlossen
hatte. Nun, es hat zwar seine Zeit gebraucht, aber jetzt
sind sowohl *Der Arschloch-Faktor* wie auch *Hard Facts*

fertig. Weder das eine noch das andere Buch wäre jemals geschrieben worden ohne dieses eine Jahr, in dem ich in Ruhe darüber nachdenken konnte, in welche Richtung ich sie entwickeln wollte, und zumindest den Versuch unternehmen konnte, mit dem Schreiben anzufangen. Vielen Dank an Nancy Pinkerton, Julie Schumacher und Bob Scott.

Großen Anteil am Gelingen dieses Buches hatten natürlich auch meine Literaturagenten Don Lamm und Christy Fletcher von FletcherParry, die sich von meinem Enthusiasmus nicht nur anstecken ließen, sondern ihn sogar förderten, mir beim Entwickeln des Exposés halfen und schlussendlich den perfekten Herausgeber für das Buch fanden. Das bringt mich zu Rick Wolff von Warner Books. Rick war ein echter Glückstreffer für mich, weil er dieses Buch »kapierte«. Von unserem ersten Gespräch an verstand er, dass sich hinter dem gewagten Titel, den abgedrehten Geschichten und witzigen Wendungen ein Buch versteckte, das sich auf der Grundlage fundierter Erkenntnisse und anerkannter Managementpraktiken eines Problems annimmt, unter dem Tag für Tag Millionen von Menschen leiden.

Mein Dank geht auch an meine Familie. Meine Kusine Sheri Singer hat mich bei jedem Schritt unterstützt und mir als erfahrene Hollywood-Produzentin erklärt, warum es – obwohl Tyrannei und ein schlechter Ruf keineswegs erforderlich sind, um gute Filme oder TV-Shows zu machen – in Hollywood so oft so hässlich zugeht. Ich stehe auch in der Schuld meines leider schon verstorbenen Vaters Lewis und meiner Mutter Annette. Mein Vater hat mich durch sein Arbeitsleben und seinen Rat gelehrt, niederträchtigen Menschen aus dem Weg zu gehen, und was meine Mutter angeht, so begeistert sie dieses Buch mehr als alles andere, was ich je zu Papier gebracht habe. Und abgesehen davon, dass dieses Buch ohne die

Hilfe von Marijke und Peter Donat, die sich um unseren Sohn kümmerten, niemals fertig geworden wäre, weiß ich auch nicht, wie unsere Familie ohne sie die letzten beiden Jahre hätte überstehen können.

Schlussendlich möchte ich meiner ebenso charmanten wie praktisch veranlagten Frau Marina für all die Liebe und Unterstützung in den über 30 Jahren danken, die wir nun schon zusammen sind. Ihr liegt dieses Buch auch deshalb so besonders am Herzen, weil es darin um ein Problem geht, von dem ihr Berufsstand – Marina ist Anwältin – häufig betroffen ist. Marina hat mich mit unablässigem Rat unterstützt , mir als unabhängige Kritikerin meiner Ideen gedient, den Text von vorn bis hinten durchgelesen und mehr als einen wertvollen Verbesserungsvorschlag gemacht. Gewidmet ist dieses Buch meinen ebenso entzückenden wie geistreichen und witzigen Kindern Eve, Claire und Tyler. Mein größter Wunsch ist, dass euch ein langes und glückliches Leben frei von Verstrickungen mit Arschlöchern beschieden ist.